海外の食品製造現場と日本人駐在員

今野禎彦
Yoshihiko Konno

幸書房

はじめに

父親が林野に携わる仕事をしていた関係で、山へ出張した際のお土産は、山の中で見つけた昆虫を「マッチ箱」に入れて持ち帰ってくれたものであった。毎回、父が帰宅する度に、クワガタムシや綺麗なカミキリムシが手に入り、これらを小箱の中に集めて楽しむという幼少時代を過ごした。その後、中学時代は北海道で過ごしていた事もあり、雄大な自然の中で、昆虫採集や化石探しに時間を費やしていた。高校時代は東京に移ったものの、昆虫を求めて、休日には丹沢山中や高尾山に出かけた。大学でも昆虫学を専攻し、「虫でメシを食う」生活ができないものかと、就職案内から防虫管理会社を見つけて入社した。

入社当初は、一般家庭で人を刺すダニ類の対策やゴキブリ駆除、シロアリ駆除に関連した業務が多かったが、高度成長による食生活の変貌から、食品を大量生産する施設が増加し、製品内に「虫が混入」する事を防ぐ仕事が多くなり、各食品製造現場で、「昆虫と対決」する日々が続いた。しばらくすると、原材料生産地や製造人件費の安い地域へ日本の食品製造会社が進出し、海外で「昆虫との対決」をする機会が多くなった。

元来、昆虫は言葉を発する事は出来ない生物である。昆虫の活動を理解するには、繊細、厳密に

行動を観察し、論理的に分析解釈する事が必要で、それが出来て初めて「虫との対話」が成立する。海外の業務においても同様で、多様な文化の下で、食品製造に携わる人々を観察していると、会話では認識できなかった各国の人々の特性や日本人駐在員の苦労を感じる事がある。本書では、各国の食品製造現場で経験した防虫管理及び衛生管理に関する事項と、現地に駐在し、日々活躍されている企業戦士の悲哀を紹介する。

なお、各企業にとって、衛生管理や害虫の発生に関連する問題の多くは、機密事項も多く、繊細な事柄であることから、事例は匿名とさせていただいた。

本書が、今後、世界の最前線で活躍する人への参考となれば幸いである。

二〇一三年八月

今野禎彦

目 次

海外の食品製造現場と日本人駐在員

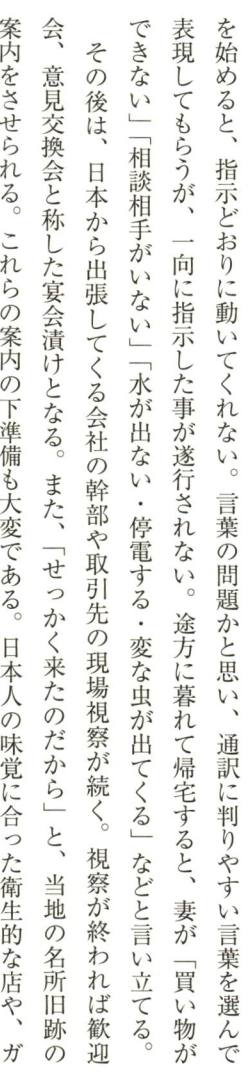

一　海外駐在辞令の発令から

大手食品会社の本社に勤務する若者が、ある日、普通に出社して、普通に業務を開始しようとした時、上司に呼ばれ、入社以来、足を踏み入れた事もない役員室に案内され、「君、しばらく海外に赴任してくれ」と言われる。それから帰宅後、家族を説得し、勤務時間終了後には、赴任地の言語を学びに学校に通うことになる。そして一か月後には、異国の工場に赴任する。

現地の従業員は、一見、温かく迎えてくれるが、実際に仕事を始めると、指示どおりに動いてくれない。言葉の問題かと思い、通訳に判りやすい言葉を選んで表現してもらうが、一向に指示した事が遂行されない。途方に暮れて帰宅すると、妻が「買い物ができない」「相談相手がいない」「水が出ない・停電する・変な虫が出てくる」などと言い立てる。

その後は、日本から出張してくる会社の幹部や取引先の現場視察が続く。視察が終われば歓迎会、意見交換会と称した宴会漬けとなる。また、「せっかく来たのだから」と、当地の名所旧跡の案内をさせられる。これらの案内の下準備も大変である。日本人の味覚に合った衛生的な店や、ガイドブックに記載されていない、駐在員にしか判らない場所、安全な土産物屋への案内などがある。ある駐在員は、悪酔いして「俺は添乗員では無いのだ！」と叫んでいた。深夜に帰宅して、家族の愚痴を聞いて、夜が明ければ、動きが悪く、意思が伝わりにくい製造現場での仕事が待っている。

子供の教育や家庭の事情で単身赴任する方も大変である。一緒に海外赴任しにくい中高生の子供を持つ年代の父親は、中年の域に達している人が多い。突然の一人暮らしで、炊事、洗濯も自分でする事になる。短期出張者のようにホテルでの食事、ランドリーサービスを利用していたのでは、教育費が必要な留守家族への仕送りも少なくなる。宴会の無い日に、中年のオッサンが、一人宿舎でカップ麵をすすり、洗濯物を干す事になる。連日の深酒、ストレス、慣れない食べ物で体に変調をきたす事もある。日本人が多く住む場所なら良いが、そうでない場合、言葉が通じない医療従事者の診察を受け、不衛生な病室に入院する事になる。

一定の海外赴任期間が経過して、日本での仕事が再開される。そこでも海外勤務経験者として、通訳や通関手続きのような、雑事に振り回される。少しでも仕事にミスがあると「海外ボケ」「日本はそんなに甘くはないぞ」と叱咤される。

しかし、これらの苦難、試練を乗り切って、日本の食料確保や世界に認められた製造技術、品質管理技術を世界に知らしめ、発展途上国においての、雇用安定、技術獲得に貢献をする最前線の戦士としての自覚を持ち、世界各地で活躍する日本人の姿を見る事が出来る。まさに、海外各地に駐在される方々は、家族や企業名だけではなく、日の丸も背負って日夜活動されていることを忘れてはいけない。

二　国によって異なる食文化と衛生意識

最近の食品業界では、ＨＡＣＣＰやＩＳＯ２２０００のように、世界共通の基準、規定によって、安全な食品を提供する機運が高まっている。しかし、各国の食べ物を食品衛生的な視点から観察すると、そこには地域独特の工夫と伝統を感じ取る事ができる。

ある講習会で、食品の衛生管理に関する講演をした際に、アメリカより参加していた食品衛生の専門家から次のような質問を受けた事がある。「日本料理の厨房設備や食器、調理師の服装は清潔感があるが、調理場の床は、ウエット（湿っている）であり、ここに繁殖した雑菌が空中に飛散して、食品を汚染しているのではないか。これに関する見解を聞きたい。」

食品製造施設では、床面は乾燥していた方が細菌学的には管理しやすく、床がぬれた施設内で水溜りの上を歩くと、広い範囲に細菌が飛散するのは周知のとおりである。

これが、アメリカの食品専門家からの質問であったから、気持ちの中に「日の丸」が現れ、世界の食品衛生事情を例にひいて説明する事になった。その内容は以下のとおりである。

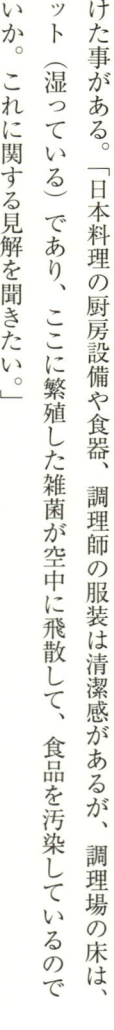

食品には文化があり、長い歴史の中の衛生学的な教訓や経験により、独自の調理技法によって食品の衛生が保持されてきたのではないかと考えられる。例えば、国土が広く、食の原料供給地から消費地まで離れていて、多くの人口を抱える中国では、各種の調理技術が発展したと同時に、「焼く」、「揚げる」、「煮る」、「蒸す」というような加熱調理により、大半の有害細菌は駆除されて、安全な状態で食する衛生殺菌調理が発達してきたと思われる。これについては、中国での業務中に強烈な下痢と嘔吐に襲われた事があった。そこで、滞在中に食べた食品による食中毒を起こしたものと考え、それまでに食べた食材を思い浮かべて見た。しかし、中国で食べた物は全て、加熱調理（加熱滅菌）された食品であり、食中毒の原因となるような物は思い浮かばなかった。激しい腹痛の中で必死に考えると、数日前に、中華料理も食べ飽きたので、生野菜が食べたいと思い、当地では超高級なホテルのレストランで、生野菜にドレッシングをかけて大量に食べた。久しぶりに、加熱調理されていない野菜の味を満喫した後であることを思い出した。

細菌検査キットを持参していれば、早速調べたいところだったが、唯一、食中毒の原因として、怪しいと考えられたのは、「食べ散らかし」や「路上での調理」「店先に置かれた糞まみれの生きた鳥」「臭く、濁った水の水槽内を泳ぐ魚」「食卓の下に犬や猫がうろつく」などの中国田舎町の食堂ではなく、一見、清潔そうな西洋式レストランでの食事が原因である可能性が高いと思われた。

すなわち、中国の料理における衛生保持は、長年培われてきた加熱調理技法によって解決されるものが多い事に気づかされた。

さらに、インドのカレー料理に見られる、香辛料の作用による健康維持も地域の食品衛生文化であると思う。カレーに多用されるクミンには健胃作用があり、ターメリックも「ウコン」で知られるように、二日酔い、肝機能亢進に役立っている。まさに漢方薬を食品にしたようなものである。

日本の各地に見られる調理方法にあっても、カツオ料理が盛んな高知では、生のカツオを食べる時には、薄切りのニンニクにカツオを挟んで食べる。獲れたてのカツオの筋肉には寄生虫のアニサキスが潜んでいる場合があるが、ニンニクには、これを死滅させる作用がある。このように、食品の衛生保持は、先人達の経験と知恵、調理方法によって伝授されているものが多い。

そこで、日本の食品製造技術に見られる衛生保持特性を考えて見ると、まず、昔の日本人は、海辺を歩き、そこで見つけた魚や貝類を腐敗による変質が起る前に食べて危害を防ぐようにするために、新鮮な食材を好む傾向が身についてきたものと想像する。我々の食生活の中で、ピチピチの魚、パリパリの野菜など、食品が新鮮である事を好む言葉も多い。さらに、食品の流通においても、早朝から開かれる「魚河岸」で天秤棒を担いだ「一心太助」が走り回り、魚を売りさばく、江戸の街もイメージできる。

また、日本は山国であり、豊富な水資源にも恵まれている。従って「水に流す」衛生技法が定着している。山間部の流れの強い流水は、細菌数も少なく、食器や食品の洗浄除菌に適していた。そこで、豊富な水で汚物を洗い流す衛生知識を獲得し、日本料理の厨房では、調理終了後に、清浄な水で調理器具や床を洗い清めて、作業をする文化が生まれたのではないだろうか。日本料理の板前さんが、洗浄水で足を濡らさないように、歯の高い下駄《げた》「足駄《あしだ》」を履いているのを見る度に、日本の「水に流す」衛生技法を思い出す。とアメリカから参加していた専門家に説明した。

さらに、「あなたの国の衛生保持を考えた食文化の事例には何があるか。ハンバーガーのような食品では、HACCPのように、ガンジガラメの管理技法を持つ必要がある」と返答したのが悪かった。一時間半の講演の約束が、アメリカの食品衛生専門家の意向で、この話は興味深い、もっと時間をかけて世界の食文化と衛生の議論をしたいと持ちかけられ、その後、半日かけて食品衛生談義をする事になった。

世界各地の食品の機能を考えると、食品衛生とは異なるが、朝鮮半島の伝統料理には、究極の環境への配慮と無駄の無い調理技術を感じる事がある。

以前、屠畜施設のHACCP管理の研究で、屠畜の際に発生する、栄養分の高い動物の血液の効率の良い処理方法が問題になった事がある。この対策を考えている時に韓国を訪問する事があり、韓国の食品専門家に、屠畜場の血液をどのように処分するかを聞いてみた。

その専門家は、あきれたような顔をして、血を捨てるなどとは「もったいない、血は美味しいものです」と言って、翌日、黒いウインナーソーセージを持ってきた。それは、「スンデ」という料理で、もち米や血液、春雨などを豚の腸に入れた食べ物で、独自の香料で美味しく味付けされていた。韓国の調理技法を見ると、無駄の無い究極の「エコ」料理に出会うことができる。欧米では廃棄処分される部位を高度な調理技法によって、優れた食品に加工している。海岸地帯の料理でも究極の鮮度、すなわち、生きている魚介の刺身が食べられる。もちろんアニサキス予防の知恵である「ニンニク」を添えて提供されている。さらに、朝鮮半島の人々にとって最も重要な漬物のキムチも、乳酸菌の働きにより、腸内細菌の改善やカプサイシンによる代謝機能促進などの効果が認められている優れた食品である。食料保存と味、健康促進を兼ね備えた優良な食品といえる。

このように、世界各地で用いられる食品には、それが発達する背景となる生活環境や文化があり、国々の事情によって、個性的な一面を持つ。ここに、海外で食品製造に携わる際の各国の人々の食品衛生意識や食に対する感覚を知る上での重要な要素がある。

【エピソード】イラブー汁とエラブウミヘビ

仕事の関係で、定期的に沖縄に出張していた時期がある。学生時代に、長期間、石垣島のパイナップル農場で亜熱帯の作物栽培の実習をしていた経験があったので、沖縄の食べ物については、基礎知識を持っていると思っていたが、アジアの海の十字路、沖縄の食文化には奥深いものがあった。定期的に訪問していると、行きつけの居酒屋もでき、地元の人たちと楽しい時間を過ごす事ができた。そこでは、料理自慢の女主人が腕を振るった、観光地の料理とは別の、地元料理を味わうことができた。海の十字路と呼ばれるこの地域の食べ物は、近隣の地域の食文化の影響を受けたものが多い。沖縄風お好み焼きの「ヒラヤーチー」は、韓国の「チヂミ」に似た食べ物で、豚の角煮の「ラフティー」は、台湾の故宮博物院の中で有名な「翠玉白菜」と共に「肉形石」の名称で展示されている。汁物に入れる「ヨモギ」もベトナムやタイ料理に見られる各種の香草と同じような役割をしている。また、究極のエコ食品、調理技法も存在する。韓国の食文化で紹介した家畜の血液を利用する料理として「チーイリチー（豚の血を使用した炒め物）」があり、ジーマミー豆腐（落花生の豆腐）、ヤギ料理、魚料理、豆腐よう、沖縄ソバなど多くの沖縄料理に周辺諸国の食文化を取り入れてきた形跡が見られる。また、占領時代に定着したポーク缶（豚肉の缶詰）やタコライスなど、米国の食文化も取り入れられた。沖縄は美しい景色のみならず、食べ歩き探索にも楽しい地域である。

　そこで、究極の琉球地元食材として、エラブウミヘビの燻製を購入し、「イラブー汁」を作ろうと、自宅に持ち帰った。生き物好きの妻や子供は、ウミヘビの燻製を喜んで観察していたが、爬虫類嫌いの母が驚愕し、これを調理するなら、調理後に使用した器具、食器を全て廃棄するように厳命した。仕方なく、ウミヘビの燻製は未だに調理される事もなく、冷蔵庫の奥でとぐろを巻いて保管されている。

三　防虫の世界

ここで、私の専業である食品製造現場での防虫に関する説明をする。

食品の中に「虫」が混入していた際の消費者側の反応、製造者側の反応は国によって大きく異なる。虫体異物混入を含めて、食品の衛生管理について、厳しい意見を述べる消費者が多い日本では、食品内の異物に関して、極めて敏感に反応し、マスコミも大きく取り上げる事が多く、場合によっては食品製造企業にとって致命傷になることもある。特に、食品の二〇〇〇年事件といわれる「大手乳業メーカー」による大規模な食中毒事件発生後には、各食品製造会社で、食品の衛生的な管理が強く要求され、誠実な食品製造会社では、多くの設備や技法の改善が実施されてきた。

しかし、世界的に見ると、消費者の虫体異物混入事故や不良食品に対する意識は大きく異なる。ある食品製造施設では、製品の五〇％をフィリピンに輸出し、残りの二五％を日本と韓国に輸出しているとの事である。しかし、この会社のクレームの八〇％は日本からのもので、一〇％が韓国からのものであり、現地QC担当者（インドネシア人）は、「日本の消費者は、小さな問題にでも苦情を述べすぎる」と愚痴を言っていた。

確かに、食品の中に、製造者が意図しなかった物が混入していれば問題である。製品内への虫の混入に関する問題の重要度は異なっていても、食品への虫体混入を根絶するのは、製造者の責務である。

それでは、なぜ製品内に虫が混入するのであろうか。虫の生態や進化の歴史の視点から考えてみたい。

昆虫の細かい説明については、専門書に譲るが、ここでは、防虫に関連する昆虫の生態について説明する。一口に「虫」といっても、生物学的には、昆虫類・クモ類・ダニ類・ムカデ類・ヤスデ類などの小型の節足動物の総称であり、ここでは、地球上で最も発達した生物群である昆虫を中心に説明する。

昆虫類は、約四億年前に地上に現れ、その後、多様に進化してきた生物である。昆虫の特徴は、体はカニ類のように固い表皮を持つ外骨格で形成され、成虫は頭部、胸部、腹部の三か所の「部分」を持ち、足は三対（六本）で、一部の種類は羽を持ち、飛翔することができる。

成長する際には、外皮を脱ぎ捨てる脱皮を行う。長い歴史の間に、多様に進化し、多くの種が存在する。

多くの種が存在するという事は、昆虫類が多様に進化をして、生態系の中での生きぬく場所を細分化して、地球上に繁栄している事を示している。これは、昆虫の種が判れば、その種の生き様、すなわち、何を食べて、どのような環境を好み、どのような温度下で、どのくらいの時間をかけて生育するのか等、生態に関する情報を得る事が出来る。従って、製造施設で問題となる昆虫及び「虫」の種を特定する事によって、対象の生き方、すなわち、生息している理由が明らかになり、生息する要因である環境を改善、改良することにより、簡単に害虫を駆逐、予防する事が可能になる。

① **種類の特定（同定作業）**

この多様な種類、各々の生態の特徴を理解して、製造現場で捕獲された「虫」がどのような種であるかを判定する事が、防虫の最初の仕事となる。

次に、我々の敵である昆虫類がどのような生き物であるか考えてみよう。

写真1は、今から一億数千万年前のジュラ紀の地層から発見されたゴキブリ類の化石である。**写真2**は、我々の家庭にも出没するクロゴキブリである。化石に見られる翅脈（羽の線）や直角に曲がった後脚の特徴から見ても、現在生息しているゴキブリと大差はない。この化石が形成されたジュラ紀は、首長竜やアンモナイトが繁栄していた時代であるが、化石のゴキブリ類と我々の身近に生息するクロゴキブリの体の形状には我々人間の体のような長時間経過による進化の跡がない。ゴキブリ類は地球の歴史の中で、大地震、隕石の衝突、火山活動、氷河期、地殻の変動など多くの天変地異を経験しても、絶滅しないで、太古と同じ状態で子孫を残し、我々の身近で繁栄している。多くの環境に適応できる能力を持つ生物であるといえる。すなわち、ジュラ紀には存在しなかっ

写真1　ゴキブリの化石。ジュラ紀の地層から発見されたもの。翅の構造、胸部構造、後脚の形状からゴキブリ類と同定される。ゴキブリ周辺の半月上の黒い物は二枚貝の化石。恐らく、このゴキブリは移動中、不幸にして沼地に落下して絶命したものと推察される。

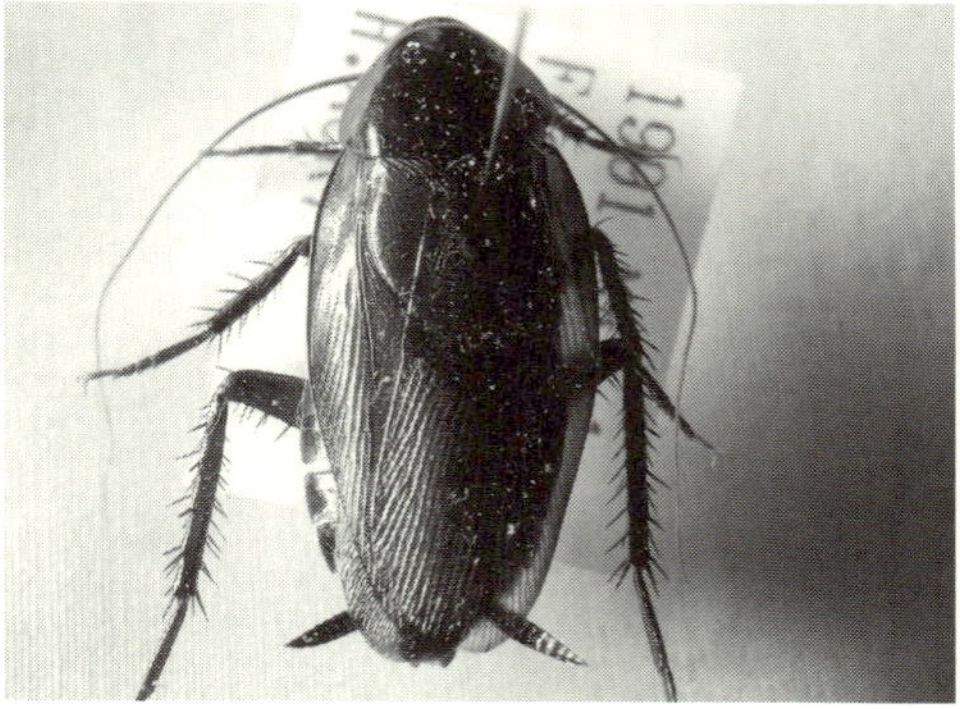

写真2　クロゴキブリ成虫。日本の家庭でも、普通に見かけられるクロゴキブリ。化石になったゴキブリと同様の翅脈や足の棘が見られる。恐竜の時代・氷河期を生きのびた、身近に見られる生きた化石と考えればゴキブリにも愛着が?!

た、建物の中の台所や風呂場、食品製造現場のマンホールの中や洗い場の環境に適応して、現在でも繁栄を続けている地球上の大先輩の生物である。

このような、環境への適応性が高い昆虫類が、食品製造現場の環境に適応して生活する事になる。ゴキブリ類が地球上に出現したのは、古生代の石炭紀といわれている。この時代の地球は、極地以外では高温多湿で、食品製造施設の排水溝やボイラー周辺、冷蔵施設のコンプレッサー部分、湿った床周辺、熱を持つモーター部分のような環境を示していたのではないかと想像する。まさに、石炭紀の湿度の高い森林地帯と類似した環境に適応して、ゴキブリ類が現代にも活躍している。

すなわち、敵である昆虫の本来生活する環境と、食品製造施設内の特徴的な環境を比較すると、敵の生息場所や発生源が見えてくる場合がある。

②同定（虫の名前を調べる事）の意味

琥珀の原石を購入し、注意深く研磨していくと、内部に虫が入っているのが見つかる場合がある。**写真3**は、多数の虫が入っており、まさに「大当たり」の琥珀である。琥珀は、映画「ジュラシックパーク」でも題材にされたように、古代の樹木から流れ出した樹脂が硬化したもので、稀に内部に虫類が溶け込んだものが発見される。

この中の昆虫類を細かく観察すると、色々な種類が確認できる。これらの昆虫を可能な限り同定

写真3　琥珀写真。不透明な琥珀の原石を研磨して、ボンヤリと虫の姿が現れると興奮してくる。まして、大型で複数の昆虫が含まれている琥珀は珍しい。

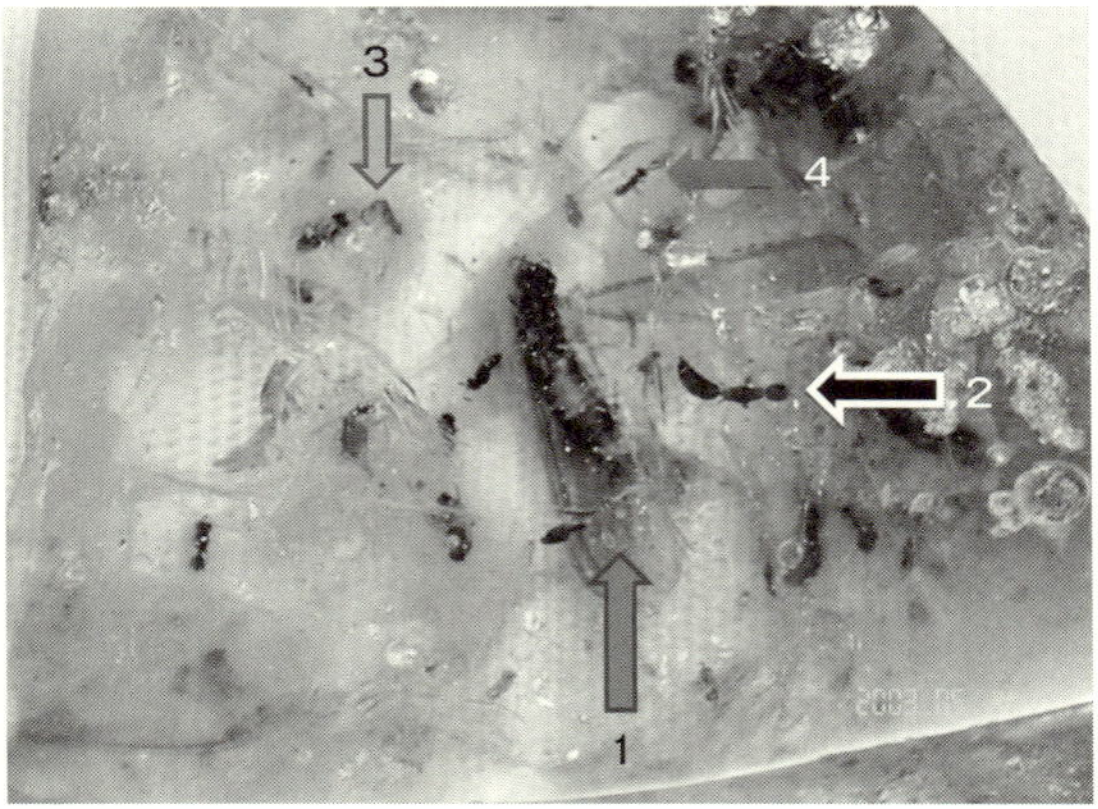

写真4　琥珀写真拡大。琥珀の中の虫を調べると、矢印①はシロアリ、矢印②はアリガタバチ類、矢印③はトビムシ類、矢印④はコバチ類で、他にも多くの小型昆虫が含まれる。

（生物の種を判定する事）し、生態を分析すると次のようになる（**写真４**）。

シロアリ類：翅脈を調べると、日本にも生息するヤマトシロアリ *Reticulitermes* sp. もしくは、それに近い種であると判断される。ヤマトシロアリは日本では盛岡付近、九州などに生息する。写真はシロアリ類の有翅虫であるが、これは、日本では四月下旬から五月にかけて出現する。特に、風が弱く湿度の高い日の午前中に多く飛来する。

トビムシ類：翅が無く、地表で群生して生活する。

アリガタバチ類：クロアリガタバチ *Sclerodermus* sp. もしくは、それに近い種類と判断される。本種は、マツザイシバンムシやカミキリムシ類の幼虫に寄生する蜂である。

コバチ類：コバチ類は各種の昆虫類や植物に寄生する蜂である。

以上のような、琥珀に含まれる昆虫類を同定し生態を分析すると、この琥珀が形成された環境が次のように推定できる。

日本に似た四季がある温帯の気候区で、四月から五月位の気象条件下で、雨上がりの湿度が高く、蒸し暑い日の午前中に、樹脂が流れだした。ヤマトシロアリは松材を食料とする事、クロアリガタバチも松を食料とする昆虫類に寄生する事から、この琥珀が形成された環境は、大規模な松林の中に存在した事、トビムシ類は、地表で生活する生物であることから、樹脂が流れ出したのは、松の木の地表近くの場所である事、コバチ類は自然界の多くの動植物に寄生する事と、他にハエ目、チョウ目の昆虫も混在する事から、自然が豊富な地域である事が推察できる。

三センチメートル×二センチメートル程度の小さな琥珀から、これを分析すれば、このように当時の環境に関する多くの情報を得る事ができる。製造施設内に設置された防虫モニタリング用の各トラップの情報も、科学的根拠を基に分析すれば、防虫に役立つ製造施設の環境に関する多くの情報を手に入れられるようになり、施設防虫管理の処理内容を決定する多くの情報を得る事ができる。これが、食品製造施設内で防虫モニタリングを実施する目的である。

ちなみに、この琥珀は、七〇〇〇万年前のアフリカ南部（南半球）の地層から出土した物である。

③周辺環境掌握

製造施設内で見つかる昆虫類の存在要因には、施設内部の環境に適応し、施設内で繁殖を繰り返すタイプのものと、施設の周辺環境下に生息し、何らかの原因で建物内に侵入するものとがある。日本国内の自然環境であれば、過去の研究者の文献や昆虫学専門家の経験からも、ある程度の情報は得ることができる。

しかし、これが海外の施設になると、文献や経験は役に立たない。初心にかえって、施設周辺の環境を調査する必要がある。

まず、製造施設がどのような気候区に存在しているかを調べる。これは、高校の地理教科書を見れば簡単に判る。次に、コンピューターで検索できる衛星写真を利用して、施設周辺の概ねの環境

写真5　ベトナムの集落近くの小川。日本の川のようにコンクリートで護岸されることもなく、一見、淀んでいるように見える川の中には、多くの種類の魚類や水棲昆虫が見られた。

写真6　ベトナム都市部の河。水の色は黒く濁り、異臭を放っている。水辺には生物が認められない死の河である。

（森林・河川・湖水・農地）（**写真5、6**）などの状況を確認する。また、現地に出向いた経験がある人から、防虫に役立つ各種の情報を聞き出す。特に、製造品目、搬出入の状況、操業時間（夜間操業の場合は、灯火に誘引され建物内に侵入する昆虫類が多くなる）、周辺の産業などの情報を仕入れる。

その後、現地の気象条件を考慮して、最も昆虫類の活動が確認しやすい時期及び特定の気候条件下の時期、すなわち、熱帯地方では雨期と乾季、温帯では若葉が出る早春と夏などのような時期を考慮して、調査回数と時期を検討する。特に、熱帯地域では、強烈な降雨の影響で、昆虫類が日本では想像もつかないような生態を示す事がある。

亜熱帯地域の食品工場で、ワモンゴキブリ（**写真7**）が施設内で散発的に捕獲されていた。ワモンゴキブリ、コワモンゴキブリ、トビイロゴキブリなどの種が多く見られる。施設内に配置されたゴキブリ用トラップの中や施設内で死んでいるゴキブリを見ると、不思議な事に気が付いた。目につくのは、いずれも成虫のみで、トラップの中にも、死骸でも幼虫の姿が見当たらなかった。また、街中の飲食店街や路上に落ちた食品に群がるゴキブリ類も成虫のみで、幼虫を見かける事がほとんどなかった。

この原因について、夕食を取りながら悩んでいた時に、熱帯地方の雨期に「お約束」のスコール（**写真8**）が始まった。窓から見える壁やガラスには滝のように水が流れ、道路も深い所では膝までの浸水がある。一部のマンホールからは、噴水のように水が噴き出していた。私が居る繁華街

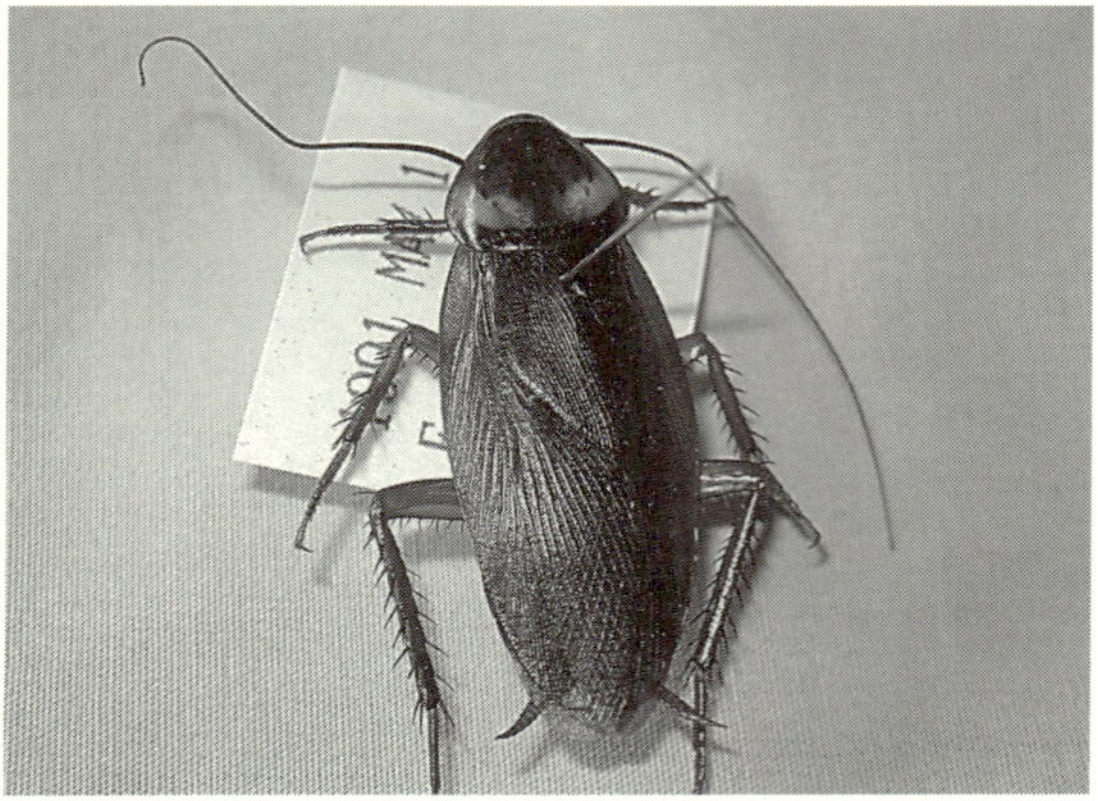

写真7　ワモンゴキブリ。胸部に白い紋があるのが特徴。日本では沖縄、伊豆諸島などに生息する。熱帯アジアの建物内や排水溝などに大量に生息する。日本の家庭で見かけるクロゴキブリより大型で飛翔能力も強い。

写真8　スコール。熱帯アジアでは雨期になると短時間に大量の雨が降り、低地の排水溝は水没する。

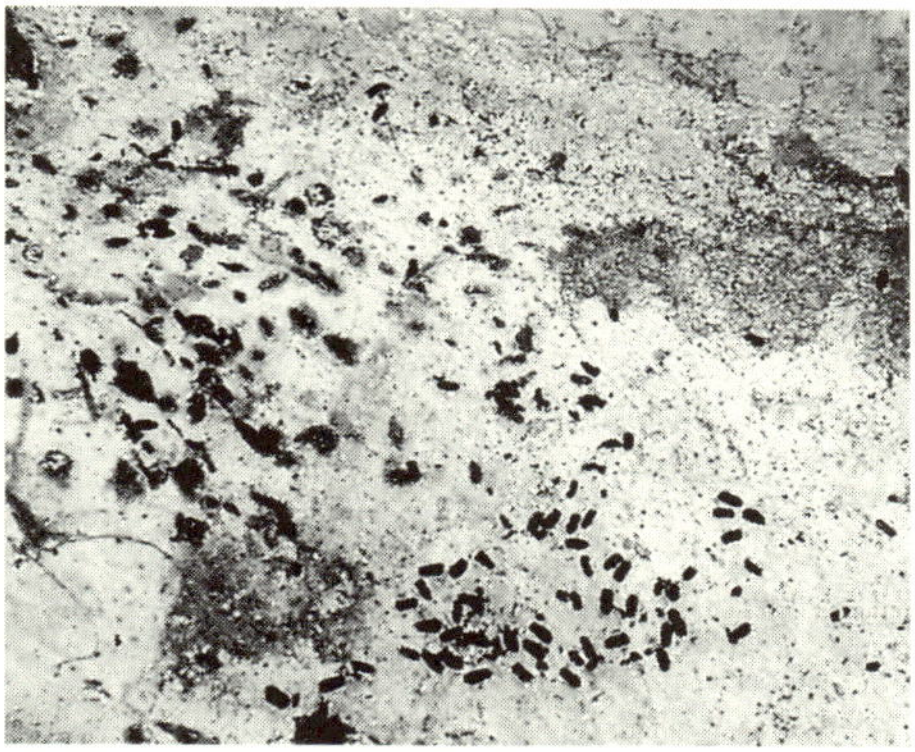

写真9　黒い点はゴキブリ類の糞（ローチスポット）の塊。ゴキブリの糞にはフェロモンが含まれ、幼虫の生育や集合することに役立っている。ゴキブリ類の発生源の指標となる。

は、まさに水没しつつあった。そこで、ゴキブリ達は、この豪雨の中で、どのような活動をしているのか考えてみた。湿潤した環境を好むゴキブリ類は、当然、道路のマンホール内や湿った塵集積場所付近に生息しているはずである。この豪雨によって住処《すみか》が水没し、一斉に逃げ出しているのではないかと考え、道路が水没した地域の建物の壁や塀を調べて回ったが、水が流れない上部に逃亡した形跡はない。それならば、水に流されたかと思い、雨後の水溜りを調べても、ゴキブリ類の幼虫は見当たらない。それでは、繁華街の中で、水に浸からなかった高い場所のマンホールはどうかと、マンホールの隙間に、即効性のエアゾール剤を噴霧してみた。すると、ゴキブリに慣れている私でも鳥肌が立つような、大量のゴキブリがマンホールの隙間から出現した。まさに、ゴキブリの絨毯のように、路面を覆い尽くす状態であった。

これにヒントを得て、翌日、食品製造工場の敷地内で比較的高い場所のマンホール内に殺虫剤を投入した。思惑どおりに、ここでも、ゴキブリ絨毯を確認する事ができた。さらに、ここで飛び出したゴキブリ類の大半は幼虫であり、高台のマンホールが発生源であると推察された（写真9）。成虫は翅を持ち、飛翔する事が可能で、活発に移動するが、翅を持たない幼虫は、運よく高い場所のマンホールで生まれたものが生存繁栄し、低いマンホール内に産み付けられたものは、小さい若齢幼虫の時代に雨水に流されて、近隣の魚の餌になってしまったのではないかと考えられる。これも、熱帯、亜熱帯地方の都市、工場の機構と、長年地球上に繁栄してきたゴキブリ類の自然淘汰と適応を繰り返した進化の過程を感じ、ひいては生物の進化の過程を垣間見る事ができる。

自然現象である降雨の影響以外にも、海外の食品製造施設は、原料を供給する広大な農産地の近くに建設されている場合も多い。このような場所では、生物間の食物連鎖バランスが崩れ、一部の昆虫類が爆発的に発生する場合がある。さらに、広大な場所を開発した工業団地では、他の場所から植物が持ち込まれる。状況によっては、広範囲に同じような植物が植えられ、これによっても、生物相のバランスが崩れて、特別な種類が大量に出現する場合がある。

さらに、工業地として開発される以前の自然環境も重要である。開発によって一旦、外に追い出され、周辺環境下に一時退避していた昆虫類が、時間経過と共に少しずつ復活し、建物内に侵入する事が多くなる。そこで、海外の施設で防虫管理を実施する際は、厳密な周辺環境調査が重要となる。すなわち、潜在環境・周辺地域の植物相・地質・指標生物の捜索による自然度の確認、特異的

写真10　製造施設建設中に潜在環境を調査して、施設が完成した後に、どのような昆虫類が侵入する可能性があるか事前に掌握する。海外では施設建設地の自然環境に関する資料や専門家を探すのが困難であるから、事前に綿密な生態系調査を実施する事が重要になる。

な数量・行動習性を持つ生物の確認、施設内で使用する材料の昆虫類誘引に関する調査などの専門技術者による調査（**写真10、11、12**）が必要になる。

これに類似した調査には、「環境アセスメント」による環境評価があるが、これは自然環境全域を調べるもので、ここで説明した、施設の生物被害防止に特化した施設周辺環境の調査である「有害生物生息実態調査」とは技法、分析方法などが大きく異なるものである。有害生物生息実態調査では、過去の記録から、日本もしくは海外の施設内で問題を起こす可能性が高い種類または、これと類似した昆虫類・地域の固有種・周辺環境下に多産する種・施設で扱う原材料に特異的に誘引される種・灯火に強く誘引される種などを中心に調べる。

写真11　屋外に設置する誘引物試験トラップの状態。手前は歩行移動型昆虫類の動向を探る粘着シート。中央の四角いケースの中には、施設で使用する材料（誘引性確認）を入れてある。後方は柱に取り付けた粘着リボントラップ。これによって飛翔して移動する昆虫類を捕獲する。このような試験装置を互いに干渉しない距離を配慮して、施設で使用する予定の材料を全て配置して、材料の中に地域に生息する昆虫類を特異的に誘引するものがあるか否かを調べる。

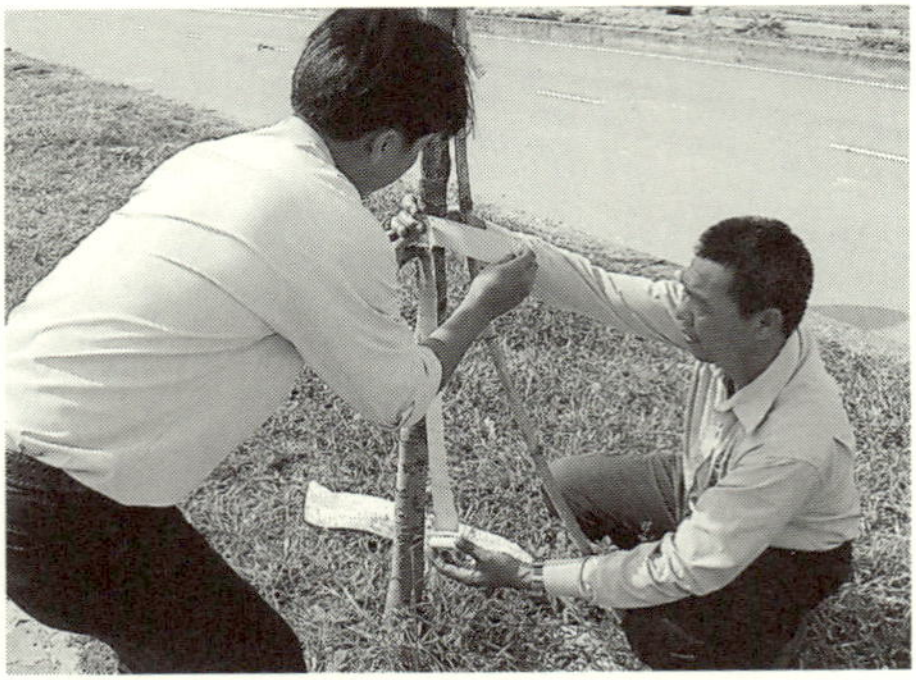

写真12　施設周辺の路上にも粘着リボンを配置して、周辺環境下の昆虫を確認する。

④防虫モニタリングの実施

昆虫類は、肉眼で確認することが可能な大きさの生物であるが、生産活動に集中している人にとっては、施設内で活動する虫を見落とすことが多い。そこで、昆虫を捕獲するトラップを利用して、防虫モニタリング（監視）を実施する。一般には灯火誘引式昆虫捕獲器（ライトトラップ）を中心にして、モニタリングを実施しているが、これは、飛翔能力があり、灯火に誘引される性質を持つ昆虫類の動向しか調べることができない。施設内で確認される昆虫類の種類に合わせて、各種の昆虫捕獲、生息判定技法を駆使して防虫モニタリングを実施する必要がある（表1）。

各種の技法で捕獲された昆虫類の種類を同定して、発生傾向を蓄積、集計すると施設内での昆虫類活動の消長が確認できる（図1、2）。

以下では、海外の有害生物生息実態調査において経験した害虫の事例を紹介する。

⑤アリ類

東南アジア一帯では、建物内に侵入するアリ類による問題が多い。アリ類の中には、「道しるべフェロモン」を利用して、良い餌があると多数の仲間のアリを、そこへ誘導する能力を持つものがある。食品製造施設の原料として使用される砂糖や果汁液に群がる他に、イエヒメアリ *Monomorium pharaonis* のように、動物質を好む種も多く存在する。本種は、日本の一部の場所で発見されることがあるが、一匹の女王が支配する働きアリの数が少なく、コンクリートの隙間やダ

表1　各種の昆虫捕獲、生息判定技法

捕獲方法	対　　象	備　　考
屋内用灯火誘引式昆虫捕獲器法	灯火に誘引される性質の昆虫類	対象となる昆虫種によって設置場所、高さを決定する。 外部から見て光源の見える場所には設置しない。 装置の下部に虫体が落下するタイプのものは使用しない。 生産機材から離れた場所に設置する。 清浄区域では連続して設置しない。
屋外用灯火誘引式昆虫捕獲器法	灯火に誘引される性質の昆虫類	出入口周辺には設置しない。 光が一定方向へ放出されるタイプの機種を選択する。 樹木や他の外灯の影響を受けない場所に設置する。 照度の高いものは使用しない。 光は環境の状態を反映している場所に向けて照射する。
粘着シート法	歩行移動する昆虫類	ゴキブリ捕獲型とネズミ捕獲型の２種類がある。 水平的に移動することの多いタイプの虫体を対象とする場合は床面に配置する。 垂直的に移動することの多いタイプの虫体を対象とする場合は壁面に配置する。 回収後は顕微鏡下で虫体を確認する。 特殊な種を監視する場合は誘引剤を装着する。 虫体が粘着物質に付着するため、同定には注意が必要。 屋内のみ使用。
粘着リボン法	飛翔移動、跳躍移動する昆虫類	特殊な種を監視する場合は誘引剤を装着する。 無誘引剤の場合は捕獲効率が低下するので注意を要する。 虫体が粘着物質に付着するため、同定には注意が必要。

表1　各種の昆虫捕獲、生息判定技法（つづき）

捕獲方法	対　象	備　考
ピットホールトラップ法	歩行移動する昆虫類	屋外での使用に適する。 内部に入れる誘引物質によって、捕獲内容が変化する。 設置場所によって、捕獲内容が変化する。
ブラックボックストラップ法	暗所を好む昆虫類	一部の昆虫にのみ有効。
ドライアイストラップ法	吸血性昆虫	炭酸ガスに誘引される性質を持つ昆虫類、ダニ類に有効。
室内塵分離法	室内に存在する昆虫類、ダニ類	死虫が含まれる場合があるので、粘着シートと併用して実施するのが望ましい。 広範囲の監視に適する。 捕獲方法による特異性が少ない。 特殊な薬剤による分離、顕微鏡検査の必要がある。
スイーピング法	植物上で活動する昆虫類	植栽内に生息する昆虫類の確認に適する。定量的な評価はしにくい。
叩き網法	同上	植栽内に生息する甲虫類、カメムシ類、アリ類、クモ類の確認に適する。 定量的な評価はしにくい。
サクショントラップ法	室内を飛翔移動する昆虫類	室内の昆虫密度の少ない医薬品製造工場ではほとんど捕獲されない。 室内の浮遊粉塵に対する注意が必要。
ウオータートラップ法	水に誘引される昆虫類	倉庫のような乾燥した区域で、湿気を好む昆虫類を捕獲するのに適する。 水の頻繁な交換が必要なため、長期間の監視には不向き。
ツルグレン法	土壌内に生息する昆虫類	湿地や植物の根、土壌内より発生する昆虫類を捕獲する。 トビムシ類のような特定の昆虫が多い場合に使用。

表1　各種の昆虫捕獲、生息判定技法（つづき）

捕獲方法	対　　象	備　　考
超音波振動法	粉体及び粒体の中に生息する昆虫	物質の振動による虫体の追い出し確認。 死虫は確認されない。 検出効率は低い。
シェルター法	隙間に潜り込む性質の昆虫類	捕獲効率は悪い。 捕獲対象の種類によって、隙間の大きさを変更する。
バタートラップ法	室内を歩行移動する昆虫	捕獲効率は粘着シートと同様かやや劣る。 生体の完全な捕獲が可能で、後日捕獲虫を実験や飼育などで使用する場合に便利である。 誘引剤の内容によって、捕獲する対象を限定できる。 飛翔能力のある種類には不向き。
カーボンペーパー法	室内を歩行移動する昆虫の活動痕	室内で歩行移動する昆虫の活動範囲を確認するのに適する。 歩行痕によって、ある程度種類の特定はできるが、正確な同定には不向き。 飛翔移動する昆虫類の情報は得られない。 捕食性で活発に歩行移動するゲジやクモ類の判定に有効。
インスペクトペーパー法	昆虫類の糞による判定	配置場所によって差がある。 昆虫類の生息定量判定の資料となる。 イエバエの大量発生箇所の調査に有効。 ネズミ類の生息判定にも応用できる。
汚泥分離法	水系汚泥に生息する昆虫	汚泥を採集して比重液により虫体を抽出する。 サンプリング後、顕微鏡検査が必要。 虫体の同定には専門技術が必要。

表1　各種の昆虫捕獲、生息判定技法（つづき）

捕獲方法	対　象	備　考
フラッシュアウト法	隙間に潜り込む昆虫及び水中内の汚泥や石の下で生活する昆虫	速効性の殺虫剤を少量使用し、薬効により飛び出した虫体を確認する。 清浄区域では実施できない。 排水溝の監視に便利。 環境保全上使用する薬剤、薬量に注意が必要。
水盤法	各種昆虫の定量的判定	水盤に界面活性剤を入れ、そこに落下する虫体を確認する。 周辺環境の状況を知るために、屋外で使用する。 定量的な判定が可能。 外灯の下に配置して、屋外の危険な光源の確認をする。 虫体が水没し、一部の昆虫は正確な同定が困難になる。

ンボール箱の中、壁の亀裂の中のような所にも営巣することがある（**写真13**）。微小な種であり、食品の中に潜り込んで日本まで運ばれた例も多い。また、アジア地域では施設の敷地内に、宗教上の施設（祠《ほこら》）が設けられていることが多いが、これの「お供え物」も恰好のアリ類の誘引源になっている（**写真14**）。

さらに、熱帯地域のアリ類を含む昆虫類の中には、活発に活動するものが多い。施設内の壁面や床面を観察すると、小さくて活発に走り回るアリ類が見られる。これらを放置すると、一定の条件が整った場合、繁殖のための大量の有翅虫（羽アリ）の出現を見ることになる。アリ類の有翅虫は、灯火に誘引される性質を持つものが多く、施設内の照明や外灯に大挙して飛来する事になる。また、日本に輸入された南米のチリ産の食品の中に大量のアリが混入した事故

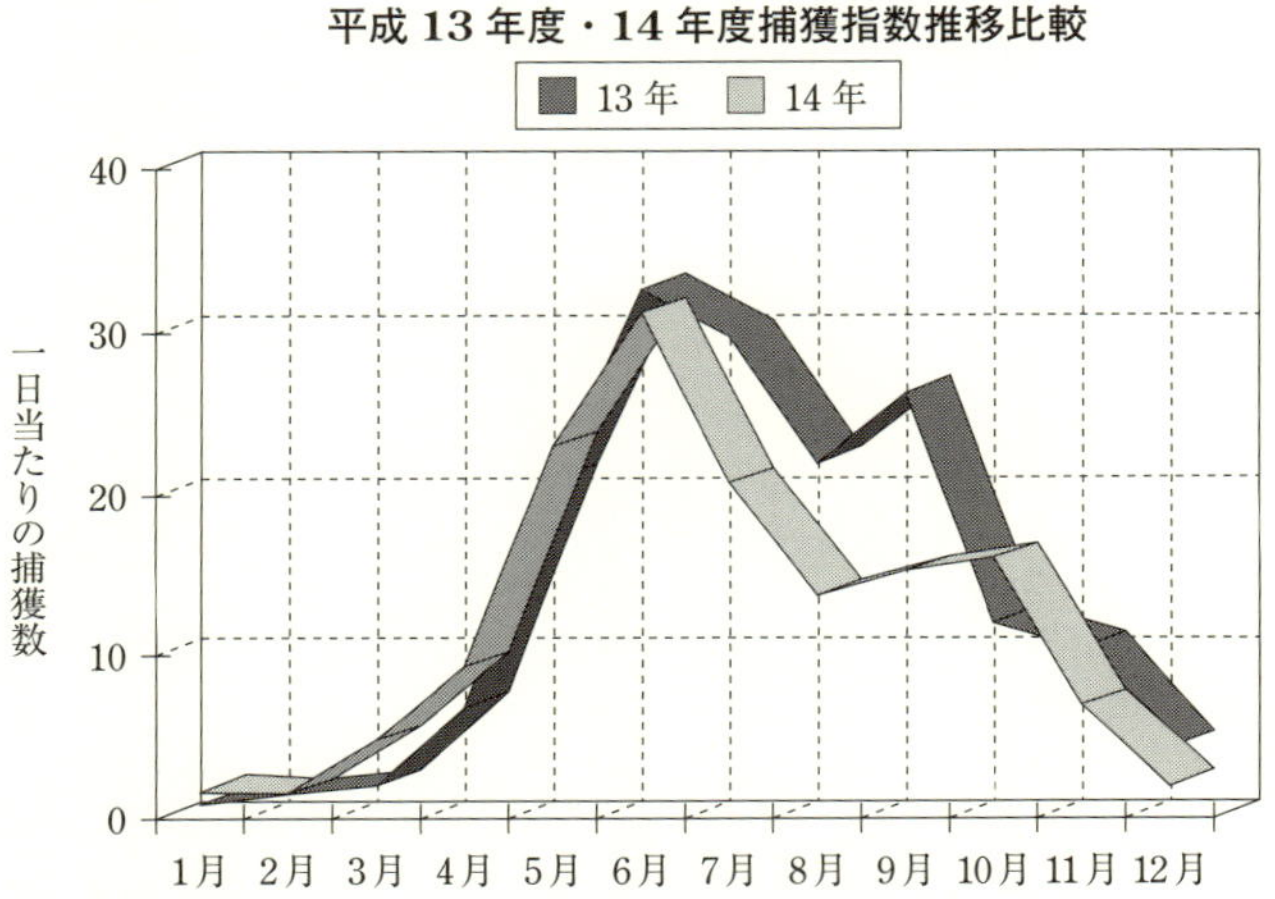

図1 東北地方の製造施設で捕獲された昆虫類の消長。6月と9、10月に捕獲数が増加しているのが判る。防虫モニタリング結果を分析する事によって捕獲数が増加する前に、防虫設備の点検、殺虫剤処理の準備をして、発生数を未熟に減らす事ができる。

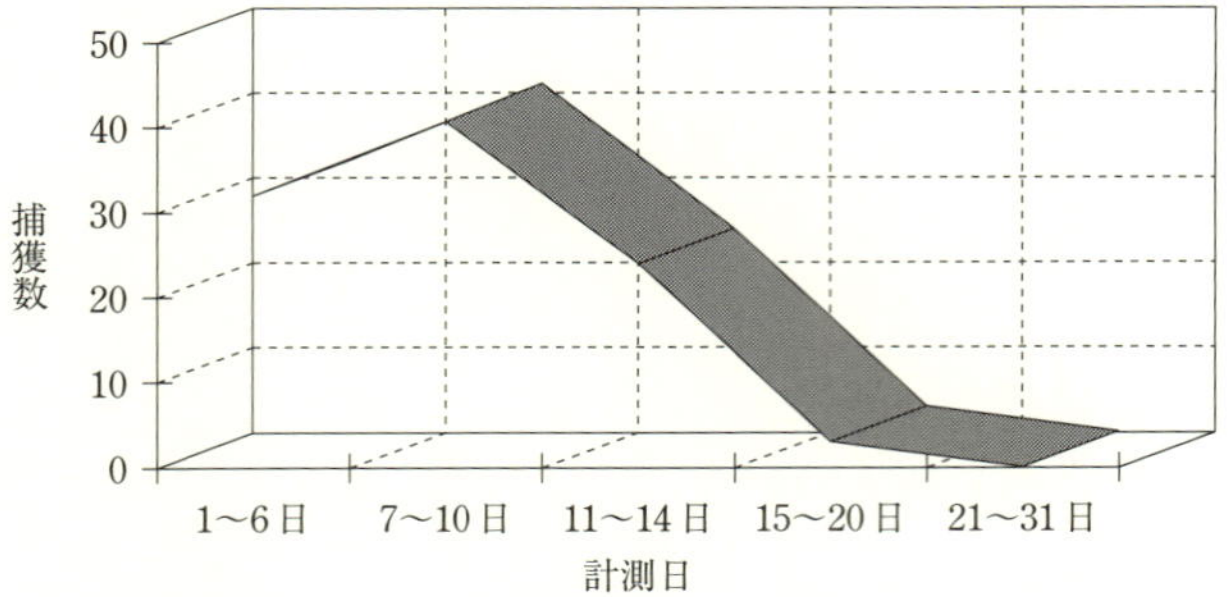

図2 ある施設で、10日に殺虫剤を散布して、その後の捕獲数を調べた。処理後、捕獲される昆虫数は減少し、21日以降は捕獲されなくなったことが判る。駆除前後の捕獲数を比較して、実施した処理が実際に効果があったか否かを検証するのも、防虫モニタリングの重要な分析事項。

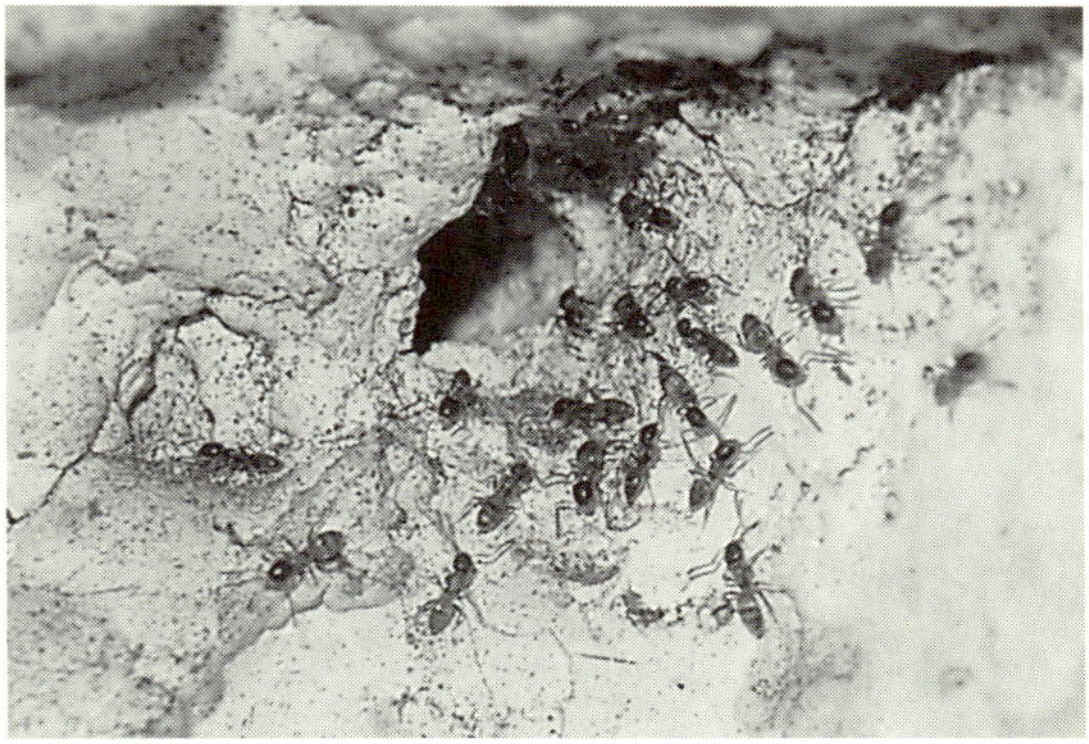

写真13　壁の穴から出没するアリ。隙間を塞いでも、次々と新しい穴を開けて施設内に侵入する。

写真14　食料（ゴキブリ類の死骸）があると、瞬時に「道しるべ」フェロモンによって仲間を誘導し、巣内に食料を持ち帰る。このようなアリ類の食料を日常の清掃だけで無くすのは困難である。

写真15　熱帯のシロアリ類の蟻道に傷をつけると、兵アリが直ぐに現れて攻撃をしてくる。下の写真は、木製パレットに置かれた缶を動かした際に見つかったシロアリ類。

があった。実際に訪問したことはないが、現地より送られた写真を見ると、工場の屋根部分に大木の枝が覆いかぶさっていて、樹木の果実が屋根一面に落ちている状態であった。急いで樹木の枝を切り落とし、屋根の清掃をお願いしたが、熱帯地域では、防虫モニタリングを通じて、アリ類の活動には細心の注意が必要となる。

さらに、アリ類とは別の昆虫であるが、シロアリ類も日本に生息するヤマトシロアリ *Reticulitermes speratus* とは異なり、強力な種が存在する。日本のヤマトシロアリは土中や木材の中だけに、蟻道を形成して行動するが、熱帯地域のシロアリ類の中には、橋のような「空中蟻道」を形成し、縦横無尽に木材や紙類を食害するばかりか、蟻道を使って水分を運搬し、施設の電気室の漏電事故の原因となった例もある。これも、海外では注意したい昆虫である（**写真15**）。

⑥ ユスリカ類

一見、カ類に似るが、吸血することはない。一部の種の成虫は休止している際に体を揺する性質があることから、体を揺するカ類として、ユスリカの名称がある（**写真16**）。種類によっては、特定の条件が整うと、軒下や樹木の枝の付近に大量に集まって、飛翔して「蚊柱」を形成する。

日本国内の多くの施設で、屋外で発生し建物内に侵入する昆虫類の代表格は、ユスリカ類である。ユスリカ類は、水の中に巣穴を作って、水中の有機質を食べて生育する。幼虫は、条件が整うと大量に発生し、魚類の餌として重要な昆虫である。水が豊富で、水田や農業用水路、ため池などが多い日本では、大量に発生するものの、日本ほど水系が豊富ではない地域、気温が高く水が蒸発してしまう地域などでは、日本の施設と比較して、灯火誘引式昆虫捕獲器に捕まる数量が少なくなる場合がある。恐らく、熱帯地域の雨は短時間に大量に降るために、土砂の中に巣穴を作るユスリカ類にとっては、大量の水による土砂の流失によって、住処を奪われることによるものと想像できる。

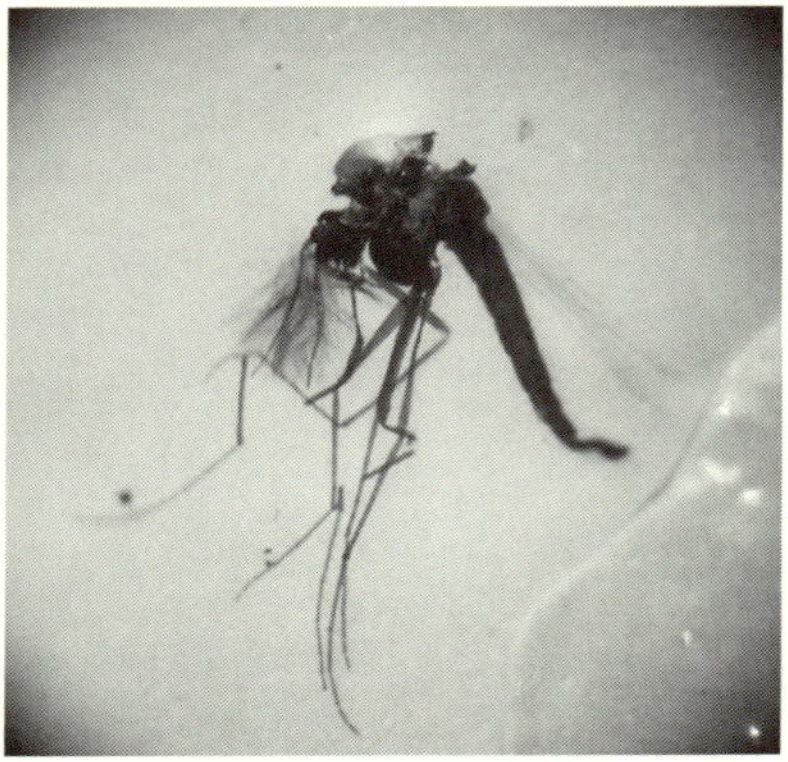

写真16　ユスリカ類成虫。房状の触角が特徴。幼虫は水系から発生し、成虫は灯火に強く誘引される性質をもつ種が多く、日本では屋外で発生し、建物内に侵入する代表的な害虫。

熱帯地方の都市には、日本と比較して、人の血を吸うカ類も多く生息していると思われがちだが、実際に街中で、普通に行動していてカ類に吸血される事は少ない。日本であれば、カ類やユスリカ類が発生しそうな池、小川、水溜りなどで幼虫を探しても、日本の水系のように簡単には見つからない。これは、熱帯地域特有のスコールによる冠水に伴って、昆虫類の幼虫の捕食者である、近隣の水系に生息する魚類が広範囲に流されて、幼虫を食べ尽くしているのではないかと考える。実際に、大雨の後の水溜りには、小さな「めだか（グッピー？）」のような魚が見つかる場合が多い。少し大きな水溜りがあれば、釣り糸を垂れている子供も多く見かけることから、スコールの度に、近くの川や沼から、小魚が流出して、ユスリカ類やカ類の幼虫を食い尽くすか、高温の影響で水が干上がって、魚と共に幼虫も死滅しているのではないかと考えられる。

昆虫類の調査で屋外を歩いている時に、カ類に吸血されることはほとんどない。一方、熱帯地域の都市部では、植物へ定期的に灌水を施すゴルフ場やホテルの庭園、植物の置かれたベランダのような、人間によって水を供給される施設でカ類に刺されることが多いのは、気のせいであろうか。日本の施設での昆虫飛来状態と比較すると、熱帯アジアを含めた海外の施設は、必ずしも昆虫類の発生数が極端に多くなることはない。また、イタリアやトルコの製造施設も砂漠ほどではないが、日本よりも乾燥した地域である。アメリカの西海岸地方も、特定の季節には雨や霧が多くなるが、一年の大半は乾燥している。従って、日本のように梅雨前線や秋雨前線の活動により、降雨が多い地域とは異なり、灯火誘引式捕虫器に捕獲される昆虫類の中で、ユスリカ類が占める割合は少なくなっているものと想像する。

しかし、特殊な条件に適応すると、一部の種が想像を絶するような状態で、短期間に集中して大量に出現するのも、海外での昆虫類の現れ方である。

⑦ チョウバエ類

チョウバエ類は、自然界では腐敗の進んだ汚泥を食料として発生する小型の一見、ガに似たハエである。体が小さく、屋内の配水管に堆積した微量の汚泥からでも発生することができ、室内のパイプや湿ったゴミから発生する事が多い代表的な施設内部発生型の昆虫である。日本では、オオチョウバエ *Clogmia albipunctatus*（**写真17**）やホシチョウバエ *Tinearia alternata* が有名であるが、海外でも、これの近似種が生息して製造工程内で発生している事が多い。日本に生息するチョウバエ類よりも、さらに小型な種が多く、製造工程の近くで大量に発生している場合もあり、成虫、幼虫共に虫体異物混入事故の原因になりやすい昆虫である。チョウバエ類の製造工程内の発生源は、排水施設が重要であるが、場合によっては、想像を絶するような、小さな隙間に堆積した水分を含む汚泥より発生する場合がある。

写真17　オオチョウバエ。日本の建物内で発生する代表的な種。

ある医薬品製造工場での防虫モニタリングで、チョウバエ類が毎月捕獲される状況が続いた。この施設の排水系は徹底的に洗浄し、殺虫剤処理も実施したが、発生が無くなる気配がなかった。そこで、幼虫生息箇所を徹底的に調査した結果、天井裏に配管されたアルコール系材料の搬送パイプに巻かれた、結露防止用の断熱材の中からチョウバエ類の幼虫が発見された。

天井裏の配管断熱材は、施設建設以来の長時間に渡

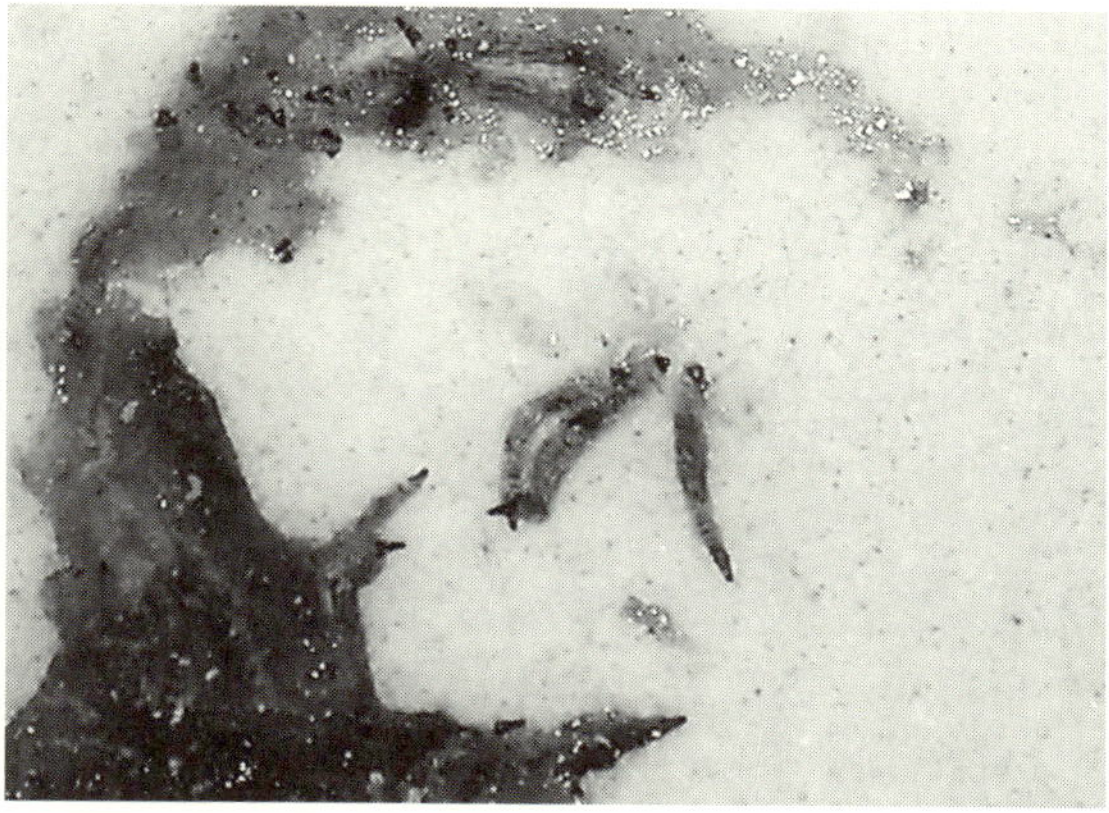

写真18　汚泥と共に食品上に落下したチョウバエ類の幼虫。写真中央部分の3個体の他にも、汚泥の中に黒い点状の幼虫呼吸器が多数見える。

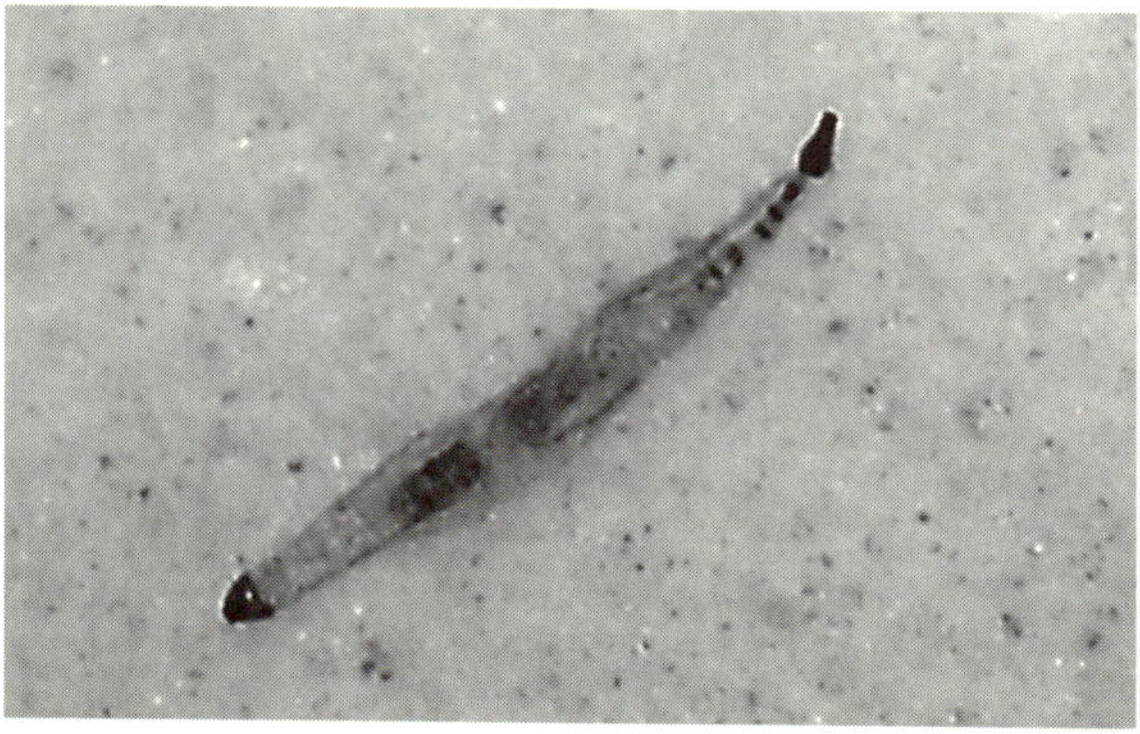

写真19　食品内に混入したチョウバエ類の幼虫。一見、寄生虫のように見えるが、写真右上側の気門の形状からチョウバエ類の幼虫と同定できる。

って結露（水分）が付着し、時間経過と共に有機質も吸収して、汚泥が形成され、ここでチョウバエ類が発生したものであった。

また、チョウバエ類は、製造機械内部に使用されるパイプ接合部のOリングやネジの隙間に堆積した残滓内に発生する場合もある。製造機械の分解清掃が不完全である場合、機械の振動により、汚泥と共にチョウバエ類の幼虫が製品に落下して、重大な事故を起こす場合もある（**写真18、19**）。

また、製造工程内に設置された冷房機や冷蔵機械のドレン水発生箇所周辺の湿った場所にも生息している事が多い。

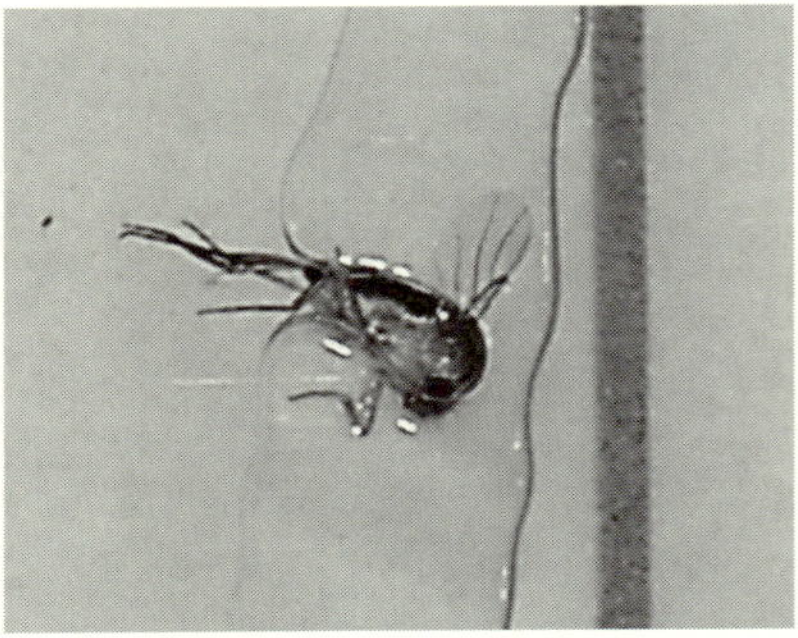

写真20　ノミバエ類。翅脈（羽の線）が並行であり、縦に交わる線が無いことで同定できる。後脚にバッタ類のような膨らみがあり、飛翔する際にジャンプする。

従って、製造工程内でチョウバエ類が捕獲される場合は、これが雨樋や屋外の排水施設由来なのか内部発生であるかを、防虫モニタリング結果分析と施設内調査によって確認しておく必要がある。

また、封水式排水口を設置していても、これによって悪臭は防げるものの、チョウバエ類の幼虫は排水口や排水パイプに堆積した汚泥の中を自由に行動できる事から、チョウバエ類の発生を防止することはできない（**図3、図4**）。

チョウバエ類と同様に、室内外の汚泥内より発生す

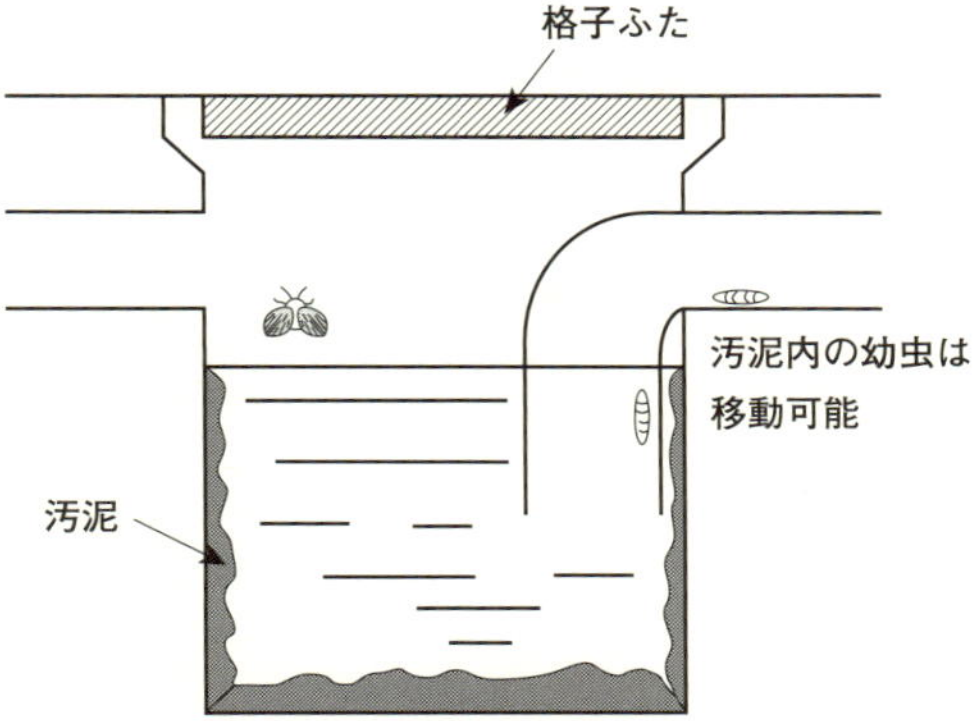

図3　水封式の排水溝の中に発生したチョウバエ類の幼虫は汚泥の中を自由に徘徊する。状況によっては、清浄側で蛹化して成虫となって室内を飛翔する場合もある。

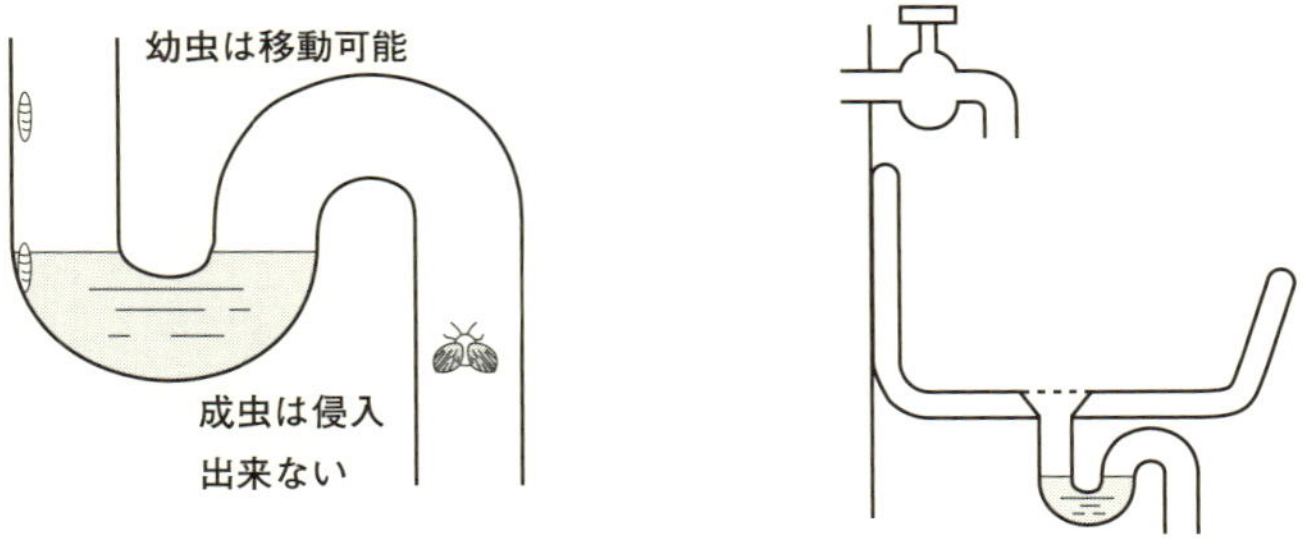

図4　流し台に使用されている水封式のパイプにチョウバエ類幼虫の発生源となる汚泥が堆積した場合にも、幼虫は汚泥の中を自由に移動し、場合によっては清浄側へ出現する。従って、水封式の機能があってもチョウバエ類の発生は防止できない。

る昆虫類として、ノミバエ類（**写真20**）も灯火誘引式昆虫捕獲器に捕まる昆虫であるが、ノミバエ類の発生源の汚泥は、チョウバエ類が好む汚泥よりも、水分量が多い事が多い。

例としては適切ではないかも知れないが、チョウバエ類が「餡《あん》」のように湿っている汚泥からも発生が可能であるのに対して、ノミバエ類は「お汁粉」のような、水分の多い汚泥を好んで発生しているようである。

⑧ 貯穀害虫

貯穀害虫とは、穀類や穀粉、これらの加工品より発生する昆虫類の総称であるが、穀類の輸出入に伴って、世界各地に分布を広げた種類が多い。

従って、貯穀害虫自身は活発に移動する種が少なく、穀物やこれを梱包する物の陰に潜んで移動する事が多い。一度、穀類倉庫や製粉施設に持ち込まれると、豊富な食料の中で繁殖を繰り返し、施設内で大量発生する場合も多い。

一概に貯穀害虫と称しても、種によって生態的な特徴があり、これを検討する事によって発生源の捜索に役立つ場合もある。主要な貯穀害虫の特徴は以下のとおりである。

穀粒を食害する種

米粒や麦粒、豆粒のような穀粒からはゾウムシ類が発生する。穀粒を食害するゾウムシ類の成虫

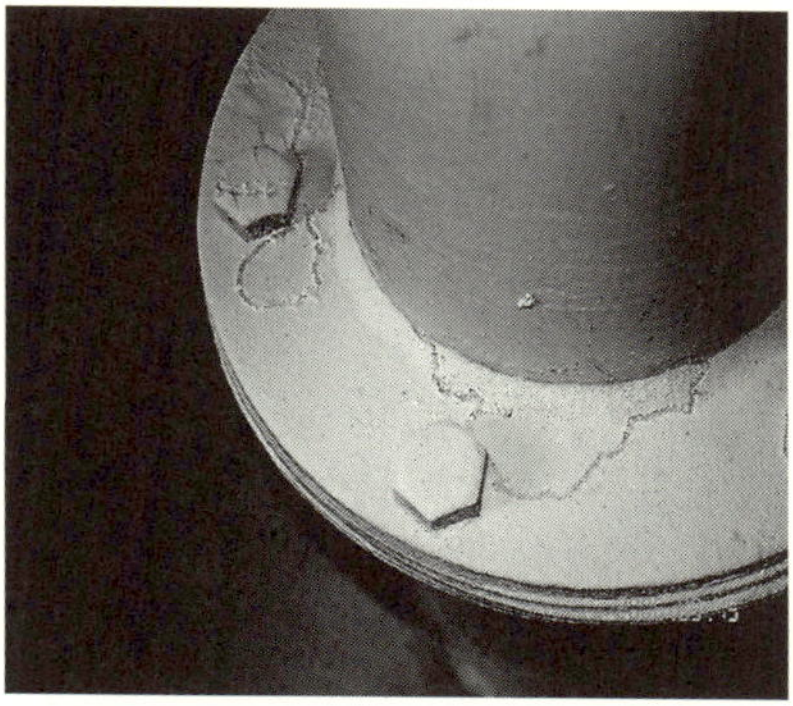

写真21　不規則な線状の模様は、コクヌストモドキ幼虫が粉の上を歩いた跡。

は、表面に傷を付けて産卵し、幼虫は穀粒の中に穿孔して生育する。成虫になった際は穀粒に穴を開けて脱出する。これらの害虫に食害された穀粒は、水に浮かぶので、製造工程内で穀粒が含まれる残滓を採取して、水に漬けてみると発生が判る場合もある。バクガ *Sitotroga cerealella* のような一部のガ類も穀粒を食料とするが、大半はゾウムシ類による加害である。また、押し麦やオートミールのような、穀粉までに細かくはない、穀粒の破砕された状態のものからは、ゴミムシダマシ類が発生する。

穀粉を食害する種

本来、穀物を栽培する農地では、穀粒を食害した昆虫類によって生成された粉を食していたと思われるが、製粉施設などで、製造中に空中に飛散して堆積した粉を食料として発生する種類として、コクヌストモドキ類、コクガ類がある。コクヌストモドキ類の幼虫は、穀粉の上を歩き回った際に、線状の歩行跡を残しているので（**写真21**）、これを中心に穀粉が混ざる残滓を捜索すると発生源に到達する場合が多い。コクガ類（**写真22、23**）のなかには、移動の際に糸を放出するものが

写真22 日本で穀粉を食害する代表的なコクガ類、ノシメマダラメイガ。熱帯アジア地域では、本種よりもスジマダラメイガ、スジコナマダラメイガ、ツヅリガ、ガイマイツヅリガなどが多くなる。コクガ類をフェロモントラップでモニタリングをする場合には、種によって捕獲されない場合もあるので注意が必要。

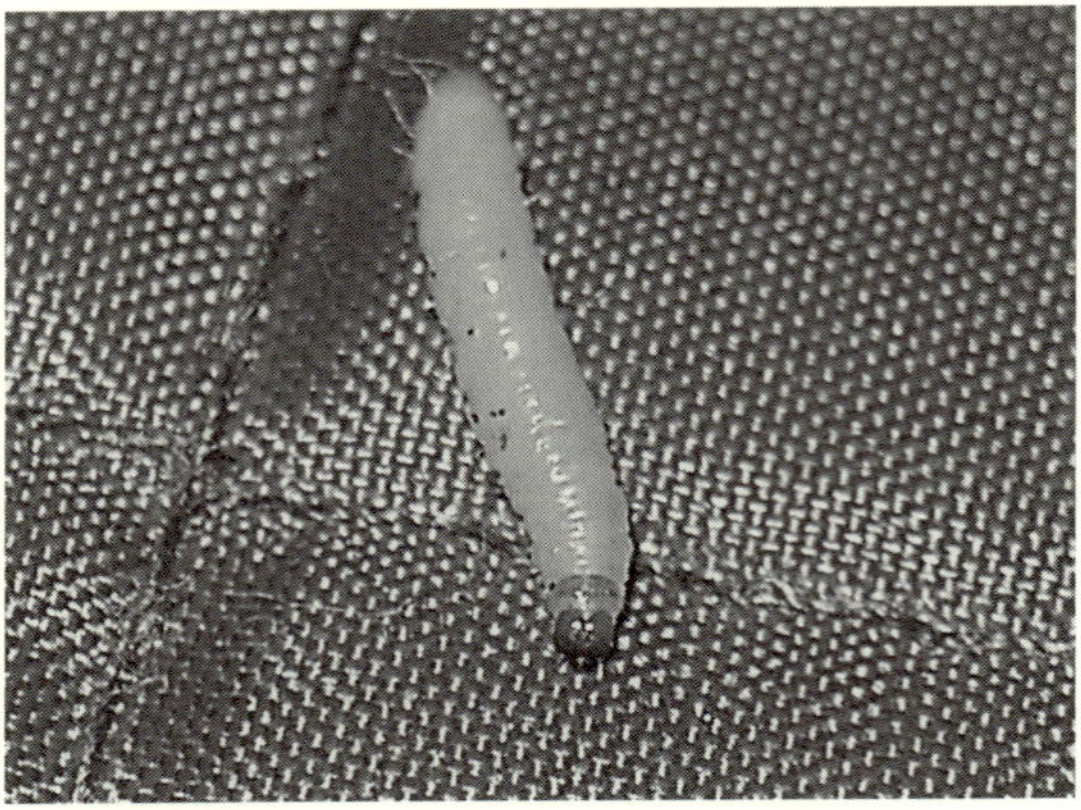

写真23 ノシメマダラメイガ幼虫。乳白色で、一見、ハエ類の幼虫（ウジ）に似ることから、一般家庭の主婦から、台所の天井付近にウジが発生したとの連絡で駆け付けると、食器戸棚の中に本種が発生し、蛹化の準備のために、穀粉を離れて移動中に発見されたものである事もある。

あり、クモ類より細く感じられる糸の痕跡や、壁面上部に形成される事が多い繭（蛹《さなぎ》）の痕跡を探しても、発生源が見つかる場合がある。

加工、変性した穀粉を食害する種

穀粉を加工して、ビスケットやパスタ、米菓、乾麺などの製品とされた物や、加工段階で一旦水を含んで乾燥して硬化した穀粉（生地）から発生する昆虫として、ジンサンシバンムシ *Stegobium paniceum* やタバコシバンムシ *Lasioderma serricorne* がある。タバコシバンムシは専用のフェロモントラップが販売され、食品製造現場で使用されているが、近似種のジンサンシバンムシは、タバコシバンムシ用のフェロモントラップには誘引されない。双方の種とも、灯火に誘引される性質があるので、タバコシバンムシ用フェロモントラップに捕獲されるタバコシバンムシの数量と、ライトトラップに捕獲されたタバコシバンムシ、ジンサンシバンムシの捕獲比率を調べて、施設内で生息数の多い種を判定して、防除の参考にすると良い駆除効果が得られる場合がある。

また、ゾウムシ類も加工品を食害する場合がある。加害された食品や食品残滓に、成虫脱出の際に残される丸い穴が存在していれば、これらの発生を疑うべきである。

変質した穀粒・穀粉から発生する害虫

穀物の保管状態によっては、穀粒の表面、穀粉の残滓などにカビ類が発生する場合がある。この

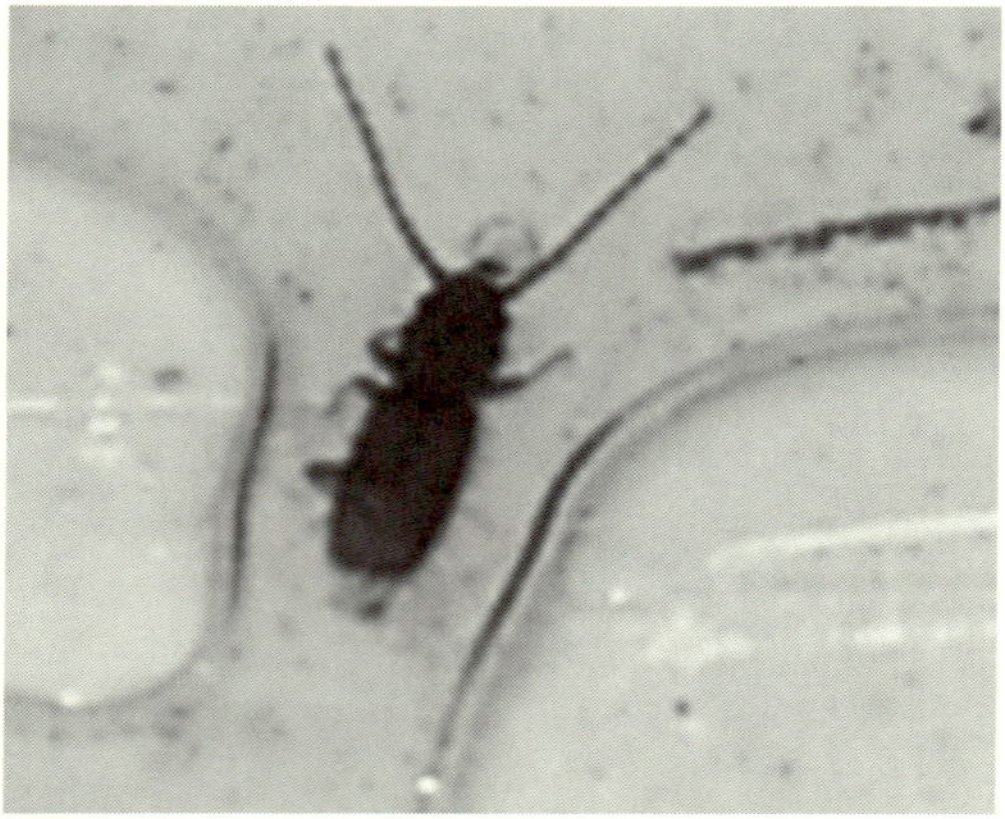

写真24　ヒラタムシ類。微小な甲虫であり、隙間に潜り込む性質があり、熱帯地域に多く生息している。

ような物からは、ヒラタムシ類（**写真24**）、ホソヒラタムシ類、ヒメマキムシ類などが発生する。特にこれらの種類は、微小な種が多く含まれ、隙間に潜り込む性質を持つことから、スコールによって雨漏りが生じるような、倉庫、コンテナ、食品製造施設などで発生したものが、資材や製品に紛れ込んで、日本に持ち込まれる例も多いので注意が必要である。

他に乾燥動物質食品を食害するカツオブシムシ類・ホシカムシ類・ヒョウホンムシ類（本種の中には穀粉由来もある）などが、貯蔵食品を加害する。

貯穀害虫は製造施設内に堆積した穀粒や穀粉から発生するだけではなく、製造施設の建物に営巣する鳥類の巣からも発生する場合がある。穀粒を食料とするドバトの巣内には、ドバトの糞（消化された糞が乾燥すれば穀粉になる）にコクヌストモドキ *Tribolium castaneum* が群棲していることがある。

写真25　黒い点状の物は、一見、ネズミ類の糞にも見えるコウモリ類の糞。糞を水に溶かして鏡検すると、昆虫類の外皮や口器のような未消化の破片が含まれている事で、昆虫類を食料とするコウモリ類の糞であるのが判る。糞の中には、虫体破片を食料としてカツオブシムシ類が発生する事が多い。

また、昆虫類を食料とする、スズメ類やムクドリ、コウモリ類の巣（**写真25**）からは、乾燥動物質を食料とするカツオブシムシ類が発生して、これらが製造施設内に侵入して問題を起こす場合もある。

【エピソード】輸入木材から穀粉大好き「コクヌストモドキ」発見

ある商社が熱帯アジア地域から輸入した木製家具の原料から、大量の昆虫が発見された事がある。当初は、南洋木材（ラワン材）を食害する木材害虫のヒラタキクイムシ *Lyctus brunneus* による被害かと考えたが、搬送されてきた昆虫は、穀粉を食害するコクヌストモドキであった。

本種は、体色や体型は、木材を食害するヒラタキクイムシに似ているものの、木材を食べて生育する事は無い。木材の中に、一匹か二匹が発見されて他の種類の昆虫も混じっているなら、昆虫類の多い場所に保管され、偶発的にコクヌストモドキが混入したと考えられるが、問題となった家具原料から発見されたコクヌストモドキは数十個体に及んだ。

コクヌストモドキが木材も食害する。これは新発見かも知れないと、家具材料の木材の保管場所で状況を調べた。半加工された家具を分解すると、ボロボロとコクヌストモドキが板の隙間から落ちてくる。

しかし、昆虫は正直である。家具用の木材の包材を観察すると白い粉が比較的多く付着していた。粉を集めるとコクヌストモドキの幼虫やノコギリヒラタムシ *Oryzaephilus surinamensis* も発見された。ここで発見された粉を分析（ヨウ素でんぷん反応と粒子鏡検）したところ、粉の成分は小麦粉である事が判明した。

この事件により、次回の木材原料出荷止めをしている熱帯アジアへ連絡して、木材を入れるコンテナ及び船倉の状況を写真で送ってもらった。予想したとおり、通常は小麦粉等の食品運搬に使用されているコンテナ内に、問題となった木材を入れて出荷した事が判った。コンテナの床には、古くなった小麦粉が堆積し、その中には大量の貯穀害虫が生息していたとの報告があった。この木材は、熱帯アジアの国から、日本に到着するまでの数日間、コクヌストモドキが大量に生息するコンテナ内に入れられ、船の揺れによる刺激や温度の上昇によってコクヌストモドキは活発な移動行動を誘発され、本来の隙間に潜り込む性質もある事から、家具木材の隙間に潜んでいたものが、日本の家具製造工場で発見されたものと判断された。昆虫の生態から、存在原因を論理的に正確に追跡すると、敵の正体を見極める事ができる。

⑨チャタテムシ類

古い書籍を本箱から取り出して読んでいると、肌色の小さな虫が紙面を歩いているのを見る事があるだろうが、これがチャタテムシ類である。自然界では、樹木の皮に繁茂した地衣類やカビ類を食べている。室内の環境にも適応した種があり、室内に発生したカビ類を食料として生育する。体長一・五ミリメートル程度の微小な種も含まれ、製品内に混入していても発見しにくい場合がある。食品製造現場では、ダニ類と同様に室内塵のモニタリングで生息が確認されることがある。また、粘着シートトラップを厳密に観察すると付着していることも多い。無翅の種と有翅の種がある。高度な防虫管理を必要とする医薬品製造施設や精密機械製造施設でも発生し、製品内に混入して大きな問題となった事がある。

他の昆虫のように、肉眼では発見しにくいために、これらの管理は防虫モニタリングに頼る部分が多くなる。防虫モニタリングでチャタテムシ類の生息が確認された場合は、室内に発生する種の中では、カビ類を好む種が存在する事から、カビ類の発生に関係する場所を調査すると発生源が見つかる場合がある。チャタテムシ類は微小な昆虫（写真26、27）であることから細心の注意を払って調べる。

発生源はカビに関連する場所であるが、施設内で長期間使用され、残滓が溜まった電話機や計量

写真26　低温で温度管理をしている生産工程内の蛍光管ソケット部分に群生しているヒメチャタテ。ソケットの大きさと比較すると微小な昆虫である事が判る。黒い点は糞。蛍光管ソケットから発生する熱を求めて集まったものと判断される。

写真27　ヒメチャタテ成虫。チャタテムシ類の中には、本種のように有翅の種と無翅の種がある。不完全変態の昆虫であることから、幼虫も成虫を小さくした形状である。

器具の中、シャッターの袋部分、エアコンの冷気放出口部分のような、想像を絶するような場所からも発生することがある。

【エピソード】虫料理は「ゲテモノ」食いか？

中国の食品製造工場で、施設の防虫管理に関する話をした翌日、工場幹部の机の上に、昆虫を食料として利用する旨の新聞記事の切り抜きが置かれていたとの事である。昆虫類は、多産な種が多く、少量の食料で短時間に生育する経済性の高いタンパク源である。日本でも、山間部を中心に昆虫食文化があるが、世界各地には、多種多様の昆虫類を利用した昆虫料理がある。

インドネシアで調査中に、捕虫網を持った少年たちに遭遇した。私が調査目的で捕まえた昆虫を見せたら、喜んで昆虫採集を手伝ってくれた。しばらくして、少年たちは、ビニール袋の中に虫を入れて持ってきてくれた。その虫をよく見ると、全て羽がむしり取られていた。これでは標本にできないと通訳氏に話してもらうと、「日本人、この虫は食べないの」との返事が返ってきた。少年たちは、捕虫網を振り回して「おかず」を集めていたのだった。

この経験から、海外で虫を食べるチャンスがあると、必ず購入して賞味するようにしている。多くの「虫料理」は、動物や魚介類のように、満腹感を得るものではないが、それぞれ独自の風味があり、

珍味であるものが多い。食品に虫が入っているのを見ただけで、その食品を一生食べられなくなってしまう日本人から見れば、ゲテモノ食いかも知れないが、虫を食べる行為も多様な食文化の一つではないかと思う。

四　施設内の害虫駆除の考え方

詳細な害虫駆除技法については、別の機会に解説するとして、ここでは、施設内で問題となる害虫の駆除に関する考え方と基本動作の手順について説明する。

一匹の虫を殺すには、踏みつけても、新聞紙や雑誌で叩き付けても簡単に殺す事ができる。しかし、ＳＦ小説において「核戦争が終了し、人類が滅亡した後の瓦礫の中に、ゴキブリが生き残っている」ように、虫が生態系の中に入り込み、群れとして生活していれば、昆虫群全てを死滅させるのは不可能である。昆虫を駆除する方法としては、各種トラップに代表される物理的方法、天敵を利用する生物学的方法、生育する場所を改善する環境的方法、殺虫剤による化学的方法があるが、化学的方法以外には、特定の区域内で高い精度で昆虫類を撲滅した例は無い（島のような閉鎖的な場所で、化学的技法以外で効果を上げた不妊化処理の実績もあるが、製造施設での使用はできない）。

ハエ取リボンやライトトラップ（**写真28**）、ゴキブリ捕獲用粘着板のような器材を使用する物理的な方法は、捕獲された昆虫が確認できて駆除の満足感は得られるが、施設内の全ての昆虫を捕獲

写真28　屋外調査用のライトトラップ（野沢式）。施設周辺環境下で活動し、灯火に誘引される性質を持つ昆虫類を捕獲するトラップ。傘の下の光源に向かって飛来した昆虫は、光源下の換気扇に吸引されて網カゴの中に入る。脚立の下の発電機によって作動する。

する事はできない。特定の種に強力に作用するフェロモントラップにしても、特定の種のみに有効であり万能ではない。

製造施設では、「5S」の推進に代表される環境整備による発生源の減少に係る努力も、大量の害虫発生防止には有効であるものの、想像を絶するような微量の食料であっても生育可能な昆虫類を完全に駆除する事はできない。

そこで、現在の技法で最も信頼できる方法は、特異的に昆虫類の活動を制御する化学物質である殺虫剤による処理を中心とした化学的技法であると考える。

少し前までは、害虫が発生した場合には、駆除業者を呼んで殺虫剤を散布するか、害虫の存在有無と関係なく、予防と称して、定期的に殺虫剤を大量に散布して、施設内部を、いわゆる殺虫剤漬けにしておけば、ある程度の害虫による被害は回避できた。しかし、今日の風潮によると、化学合成品である殺虫剤の使用は、消費者や社会から忌避される傾向がある。ポジティブリスト制度により、極めて微量の化学物質の食品への混入が問題となり、消費者の動向も、「とにかく、自然が一番、殺虫剤は猛毒！」と考えるのが主流であり、特定の空間内において、確実に害虫を死滅させる事が可能な殺虫剤の使用が厳しく非難されるようになった。

果たして、殺虫剤の使用は本当に危険なのだろうか。人間は健康を維持するために、栄養の管理、適度な運動など積極的に健康管理に役立つ事を生活に取り入れている。

しかし、何らかの原因で、健康状態に異変が起きた場合は、病院へ行き、各種の検査を受けて、体調不良の原因を突き止める。原因が判ったならば、有効な治療を開始する。これが、細菌感染によるものなら、抗生物質の投薬を受ける。また、問題のある患部に有効な薬品を処方してもらう。また、悪性腫瘍の場合は、問題のある箇所を手術で除去する。

施設内で発生する害虫の対策も、これと似ている。施設の清掃やその他の衛生管理状態が悪い（生活習慣病）場合に、残滓や防虫的密閉度低下の問題から、害虫が施設内に多く出現するようになる。これが、虫体異物混入事故が発生した場合や、事故発生要因としての危険性が高いと判断された場合は、人の病気に例えれば、必要に応じて、抗生物質や胃薬、風邪薬、咳止めなどを症状によって施用する。殺虫剤にあっても同様で、害虫の発生や大量侵入が、製品や消費者に対して危害を与える恐れがある場合には、安全性や便宜性を考慮して、積極的に使用すべきではないかと考える。

現代社会では、忌み嫌われている殺虫剤であっても、開発されて以降、衛生害虫駆除や食料確保の面で大きく人類に貢献してきたものと考える。

ある研究者は、ケネディ時代のアメリカで、殺虫剤汚染について警鐘をならした『沈黙の春』の著者である生物学者レイチェル・カーソンの業績を賞賛するものの、その反面、ＤＤＴを始めとする殺虫剤の使用禁止によって、熱帯地域での重要な伝染病であるマラリアを媒介するハマダラカ類の駆除ができなくなり、数百万人の人が死亡した事実を称して「レイチェル・カーソンのホロコースト（大虐殺）」と語っている。

確かに、得体の知れない化学物質（実際には体内での代謝について調べられている薬品も多い）であると思われている殺虫剤は危険なものかも知れない。しかし、近年、殺虫剤の使用で死亡した人は、自殺か殺人に使用された例のみで、通常の使用方法での死亡例はない。

現在、自然環境下の生物の胎内に蓄積される汚染物質として、製造が禁止されているＤＤＴも、敗戦後に頭から噴霧された人々が直接的な健康被害を受けたという証拠もない。唯一「発癌物質かも知れない」程度で、他の殺虫剤を含めて、殺虫剤は地球を滅ぼす危険物質であるというような風潮には、疑問を感じる。

しかし、殺虫剤のような人類が合成開発した化学物質は、将来どのような問題が確認されるか判らないので、無闇に使用するのは避けたいものである。食品製造施設で使用される殺虫剤は、農作物（食品）に直接散布する農薬と異なり、施設内の害虫発生源である食品とは接触する事が無く、排水溝の中や建物の亀裂、製造工程内の残滓を除去した箇所に散布されるのが普通である。狭い室内で使用するのであるから、微量の殺虫剤が漂流して、食品や食品が接触する製造機械に付着する可能性があるので、害虫駆除業者から提出される使用殺虫剤の名称・処理箇所・処理量などを徹底的に監視する必要がある。

無駄な殺虫剤処理を少なくするためにも、先に説明した精度の高い防虫モニタリングによって、施設内における「人間ドック」のように、問題箇所を適切に素早く発見して治療する事が大切であると考える。

殺虫剤を中心とした害虫駆除は、正しく実施すれば極めて良好な効果が得られるが、化学物質による汚染リスクを回避するためには、殺虫剤の使用箇所、使用量を必要最低限にする必要がある。そこで、殺虫剤の知識（害虫駆除専門家の情報）、害虫の生態特性・発生状況に関する知識（防虫モニタリングを中心とした方法）、管理する施設の特性に関する知識（工程を管理する側の情報）を三位一体として、総合防除管理を実施する事が重要であると考える。

【エピソード】反農薬の人々の前で講演?!

以前、茨城県で開催された「国際科学技術博覧会（科学万博）」の会場管理部門に出向し、会場内の防虫管理を計画立案していたことがある。会場内で観客が虫害を受けないように、会場周辺に灯火誘

写真29　科学万博会場の外周に設置した灯火誘引式昆虫捕獲器。屋根部分に吸引口があり、支柱の中の配管に虫が吸い込まれ、中央のカギ穴がある部分に捕獲された昆虫が格納される。科学万博会期中に害虫類の出現を初期段階で確認して、大量発生を未然に防ぐため殺虫処理を実施した。

引式昆虫捕獲器（写真29）を配置して、敷地内の昆虫類のモニタリング結果を基に、殺虫剤散布を計画していた。当時は、この考え方がテレビや新聞に報道され、これを見た人からの防虫に関する講演の依頼があった。参加者の構成をよく知らないで、防虫に関する講演をしたが、受講する人達の反応が、一般人への講演会と少し違う感じを受けていた。後の質疑応答や自由討論の時間で判ったが、受講者は反農薬運動をする団体で、主催者は、著名な環境学者であった。他の参加者も大学教授、環境問題に係わる弁護士、環境問題に熱心な議員などで、主に殺虫剤を使用して害虫を駆逐する立場の私としては、非常に不利な会合に参加したものだと思った。しかし、反農薬団体の主宰者の学識経験者は、「我々は、反農薬の立場で活動しているが、無闇に農薬使用に反対するのではなく、減農薬のためにどのような方法があるかを考えるべきだ。今回の話は、減農薬活動の将来へ一石を投じることとなる。このような実質的に問題のある害虫の被害を未然に防ぐ技術を推進しよう」と講演会を締めくくってくれた。その後、その学識経験者とは、亡くなられるまでお付き合いさせて頂き、色々な害虫防除と環境に関する考え方を教わる事ができた。

五　世界の食品製造現場

①アメリカ合衆国の場合

アメリカはＨＡＣＣＰ発祥の地であり、古くは、自動車産業のオートメション化により、近代の大量生産技術の先駆的な文化を産み出した国である。完全主義に基づいて、事故を最小限に抑えるためのマニュアルも多く存在し、日本の各食品製造会社の製造管理思想も、アメリカの考え方を参考にして構築されたものが多い。著者も防虫管理やＨＡＣＣＰ認証施設の視察で、アメリカの食品製造施設の実情を見てきたので、その事例をいくつか紹介する。

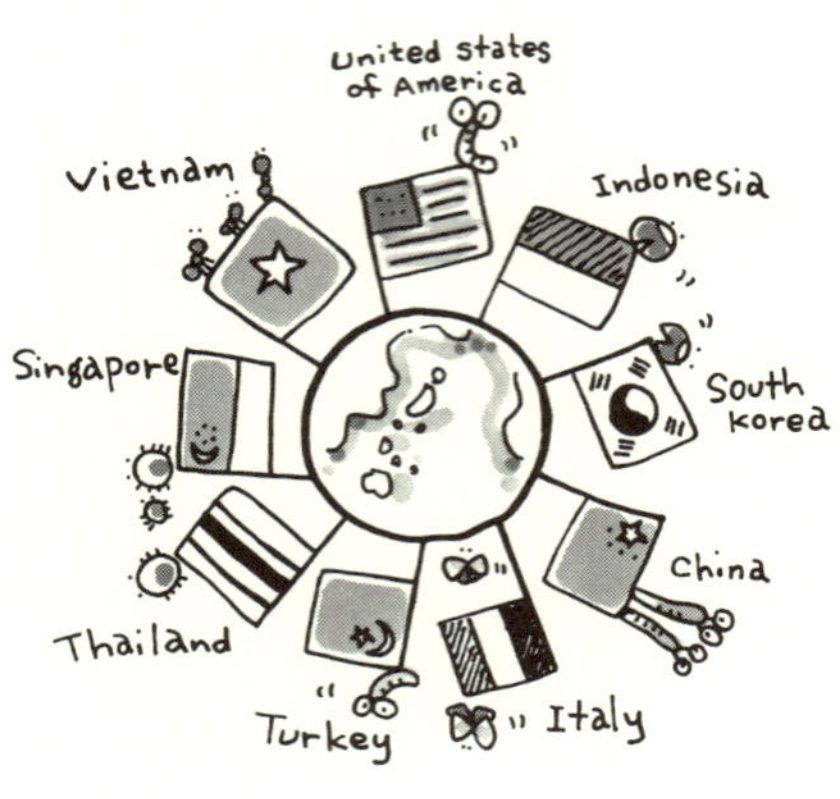

人が物を作る？

ある畜肉加工工場でＨＡＣＣＰ管理を視察した際に、教科書に示されているような建物と適正な管理について、州政府の職員、専門家達の説明を受けた。一見、完璧な状態で運営されているような感じを受けたが、著者の日常業務である「防虫管理及び総合衛生管理状況」の視点、いわゆる

「アラ探し」的な目で製造施設内を見ると、建物や設備の内容と、これを運用する人の動きの差に気が付く。

厳しい製造管理を実施している施設の中にタバコの吸い殻、低温管理をしている部屋での防寒対策用に「毛羽」が落ちそうな毛糸の帽子の着用、倉庫部分の隅では、ヘッドフォンで音楽を聴き、踊りながら作業をする従業員、中には、倉庫の隅に飲食物を持ち込み、ダンボールの上で「大の字」になって仮眠している者までいた。施設内の塵箱を見ると、製造と関係の無い、菓子や飲料の袋が多く見られた。

最も圧巻だったのは、休憩のベルが鳴った途端に、作業員が、食品や調理器具を剥き出しにしたまま、一斉に屋外に出てしまった事である。日本では、低温管理をしている室内であっても、腐敗動物質より発生する耐寒性の強いクロバエ類や、卵胎生で食べ物に直接「ウジ」を生み落とすニクバエ類（**写真30**）による汚染を配慮して、休憩時には、食品に一通りの「養生」をし、器具を格納して休憩するが、ベルと共に反射的に職場を離れる従業員には驚かされた。

また、HACCPによって、サルモネラ菌対策を講じている鶏卵パック施設を視察した際に、養鶏場での数世代前までの親鶏のサルモネラ菌汚染の確認や、施設の徹底した細菌検査状況の説明を受けた後で、鶏卵処理施設を見学させてもらった。職業柄、ここでも室内のイエバエの活動が気になった。イエバエは鶏糞や豚、牛の糞などの腐敗植物質から発生するハエで、多くの消化器系伝染病を媒介する衛生害虫であるが、これが施設内に大量に飛来している。そこで、案内をしてくれた

写真30　ニクバエ類。体内で卵をふ化して、一瞬の間に直接食料となる肉や魚にウジ（幼虫）を生み落とすため、製品内に「ウジ虫が動いている」というような事故は、本科のハエ類によるものが多い。ニクバエ類は、各種伝染病、消化器性食中毒を媒介する衛生害虫としても重要。

ＨＡＣＣＰ専門家に、著者の業務を明らかにして、「この大量に生産工程内を飛翔しているイエバエは、ＨＡＣＣＰ上問題にならないのか？」と質問してみた。すると専門家は、「よく聞いてくれた。卵には殻がある。だから、ハエが止まっても問題は無い！」と自信たっぷりに答えてくれた。

このやり取りを聞いていた若い技術者が、しばらくしてから近くによって来て、日本ではこのようなハエの対策をどうしているのかと聞かれた。そこで、簡単にイエバエが誘引される物質の事、また、ハエ類が極端に多く見られる場所が鶏卵の搬入箇所であり、鶏卵保護資材やダンボール上にハエの糞や飛来が多く見られる事から、搬入前の養鶏場での資材の管理状況、すなわち、ハエ類の多い鶏糞の近くに資材を保管しているのではないかと説明し、その改善方法も伝えた。そこで、若い専門家の知的好奇心のスイッチが入ったらしく、視察中、著者の近くを離れず、防虫対策に関する多くの質問や疑問を投げかけ、移動時間が迫った視察団のバスの前でも、情報交換が続き、参加者に迷惑をかけた事がある。

このように、アメリカ合衆国の製造現場では、海外からの労働力による「質の悪い？」労働者による製造現場であっても、安全が確保できる技法として、徹底して危害を排除するＨＡＣＣＰは必要不可欠であるものと推察される。さらに、食品専門家はこのような実情の中で、確実な安全確保が可能となる技法を熱心に模索して、自らが管理する施設での、より良いＨＡＣＣＰプランを構築してきたものと考える。

② 中国のケース

近年の中国は、すさまじい経済成長を見せ、業務で初めて訪問した二十数年前と比較して、大きく異なってきた感がある（写真31）。当時の地方都市では、路上には自転車が溢れ、人民服を着ている人も見られた。それが、めざましい発展により、道路が拡張され高級車が走り回る国となった。日本の食品製造会社でも、人件費が安く、豊富な農産品、販売市場が存在する中国への進出が盛んに行われている。

最近は、領土問題や反日行動で、激しい中国人の報道が多いが、製造現場で活動する中国人労働

写真31　約20年前の天津近郊の農道。収穫した小麦を路上に撒いて、その上を普通に通過する車両によって脱穀している。合理的ではあるが、食品へのオイル、ガソリン付着の危険性、夾雑物混入の危険性については疑問が残る。

者の行動を見ても、中国五千年の歴史のように、興味深い部分がある。

中国から食品を輸入している会社の方に、食品内に混入する毛髪の防止についての質問を受けた事がある。食品製造施設における毛髪落下防止には、色々な防止技法があるが、毛髪は人に由来する異物であることから、人の管理、特に作業服の管理が重要となる。問題となる生産工程内の従業員の服装、毛髪除去ローラーの使用状況などを確認したが、日本の製造現場と変わりなく徹底した管理下で食品が製造されていた。そこで、なぜ毛髪異物混入が極端に多く発生しているのか、細かく調べる事になった。事故の特徴としては、散発的に毛が混入しているのではなく、一部の食品に大量の毛が含まれている事、毛髪だけではなく、剛毛も含まれている事などが判った。調査を続けていると、事故が多発する生産工程が特定の場所に限られているのが判った。このような知見を報告書にまとめて帰国したが、後日、この会社より製品の毛髪混入事故原因は、従業員による作為的な行為である事が判明したとの報告があった。内容は、日本人の品質管理担当者が、毛髪の管理を従業員に厳しく指導、監督して、これを守れない人を配置転換や解雇していたが、解雇された従業員と仲の良かった別の従業員が、日本人品質管理責任者への復讐心から、作業中に他の人の目を盗んで、毛髪や体毛を製品の中に入れていたとの事であった。まさに犯罪行為である。

この話を中国人にすると、「中国の食堂で、味付けが悪くても苦情を言ってはいけない。なぜなら、申しわけなかったと皿を下げて、新しい料理を再度提供してくれるが、その料理には、調理人の「つば」や残飯を混ぜられる事がある。料理が口に合わなかったら、黙って残して帰る方が安全である」とのことであった。これは少し大げさかも知れないが、中国で製造現場の人たちを観察すると、日本人とは異なる特性を感じる場合がある。

ある大型の食品製造施設では、入場時の基本的衛生準備を確実に遂行するために、従業員入口前で定められた手順での、手洗い、手指消毒、毛髪除去などの過程を経過しなければ、生産工程内へのドアが開かない構造となっていた。この施設は、地方都市の経済特区に建設されているために、従業員は大型バスによって市街地から通勤して来る。ある日、従業員の出勤前に、生産工程内で調査をしていた。大型バスには従業員が三〇人以上乗っているが、規定された手洗いや毛髪管理などの衛生準備作業を実施した場合、一人当たり最低五分の時間が必要である。これが、三〇人が一斉にバスから降りて準備すると、算術的に考えれば一五〇分の時間が必要になる。実際には、手洗いは四か所あるので、同じバスから下車した従業員が全員生産工程内に入場するのに要する時間は、約三七分となる。しかし、バス到着から一〇分後には、従業員全てが配置に着いていた。翌朝、従業員入口を見てみると、一人が規定どおりの手洗いをして、ドアが開いた瞬間に、四～五人が手洗いをしないで、一緒に通過していた。工場の品質管理担当者（日本人）も、私の横で観察していたが、これには笑うしかなかった。

そこで、どのようにすれば食品製造施設の基本動作である手洗いを徹底できるのかを検討する事になった。中国は、大きな国で大勢の人口を抱えているので、規則順守の考え方が日本人とは異なっている感を受ける。すなわち、「大勢の集団の中で、細かい規則を厳格に守っていれば人に後れを取る」という考え方があるのではないだろうか。規則を優先して、違反者を処罰しても、やり方によっては、当事者やその友人から反発を受ける。

鉄壁の仕組みを作っても、抜け道を考えられてしまう。本当に人的な管理が難しい人々が多いと思われる。

各企業では、徹底した危害分析により、具体的な管理方法で事故を防止するために、多くの規則を作成し、担当者はこれで安全管理・衛生管理の仕事が完了したものと考えている。しかし、実際の現場では、担当者の思惑どおりには事が進んでいない。ある工場での視察時に、生産工程内に保管されている化学物質の格納棚の「南京錠」が開放状態になっていた。これを担当者に示したところ、慌てて施錠したが、数時間後、その薬品棚の前を通ると、「南京錠」がバールで破壊された状態で転がっていた。すなわち、「南京錠」の鍵は、とっくの昔に紛失しており、施錠管理などされていなかったと推察された。

このような事態が発覚した際に、担当者は、現場責任者を呼びだして、罵倒することになる。中国では、問題が発覚し、誰かを叱責する際には、細心の注意が必要となる。いわゆる「面子」を配慮した注意、叱責が必要になる。

中国人の「面子」と「一人っ子政策」の影響

どのような国籍の人でも、人間として、理解と尊敬の念を抱いてお付き合いする事は大切であるが、長い歴史や文化を持つ中国の人たちと職場で付き合うには、少々のテクニックが必要となる。中国の企業で借用した実験室の窓の外に、道路工事をしている人々が見えた。日本の工事と同様に、道の片方を遮断して、工事機械を持ち込み、作業をしている状況を何気なく見ていた。しかし、ある時、この工事の不思議な部分に気が付いた。

比較的大勢で作業をしているのに、連日、同じ場所で、同様の作業が繰り返されている。二週間近く観察していたが、一向に工事が進行する様子がない。さらに細かく観察していると、道路工事に参加している大勢の人たちの中で、実際に作業をしている人は二割程度で、残りの八割は作業に参加しないで、工事を眺めているか、トラックの下で休憩をしていた。これでは、人件費が安くても、作業効率は上がらない。この状況を、日本留学経験のある通訳氏に聞いてみたら、「文革時代の負の遺産です」との答えが返ってきた。

さらに、製造工程内の視察で、問題箇所を指摘し、改善策を質問しても、これは私の担当外であり、担当者に厳しく伝えておく、との返事が返ってくる。都合の良い事柄には担当者として出てくるが、都合の悪い事柄は担当外となってしまう。問題の対策を実行しにくい土壌があるように感じられる。日本人的価値観を持って仕事を始めると、失敗をする事が多い。

そこで、中国系の人と仕事をする際に留意したいのは、問題が見つかっても、決して怒ってはいけないということである。まず、問題の状況や危険性、再発性などを指摘し、どのような方法で問題を改善するか質問すべきである。問題の改善方法を質問すると、大方の返答は、これの担当は誰々であり、問題内容を伝達しておくという答えが返ってくる場合が多い。まさに、担当から担当への「たらい回し」で、根本から問題が解消することが無くなる。

そこで、大勢の従業員の中から、いかにも重要な人であると見られる人に、「特に、あなたを見込んで」と一声かけてから、「この問題の解消にはどうすれば良いだろう」と質問してみると、問題解決策を真剣に考えてくれる場合が多い。時には稚拙な問題解決策を提案される場合もあるが、管理者側が意図するような方法の内容に誘導して解決策を導き出し、従業員側からの提案として採用するようにすると、思わぬ成果が得られる場合がある。

先に事例をあげた「手洗いの抜け道」問題は、従業員からの提案で、送迎バス単位で、手洗いを含めた衛生管理担当者を選出し、手洗い用の薬剤補充、入場準備手順のチェックと記録を残すようにして、問題を解決した。

化学物質格納棚の施錠の問題も、同じく従業員からの提案で、鍵管理者を明確にして、その者に施錠確認、化学物質の在庫、残量確認、補充などの職務を与え、これを適正に遂行して、改善を見ることができた。

手洗いや服装の正しい着用、基本動作、清掃用具の保管状況などは、衛生管理の基本であり、外見から容易に判断できる従業員の衛生管理教育状況の目安であるから、実務的衛生管理状態の視察の際も重要視する部分である。これらの管理が徹底している施設は、たとえ問題があっても、容易に改善、改良が可能な施設となる。

また、長くお付き合いすると、親戚同士のような親密な、友情に富んだ関係を作れる人もいるが、残念ながら、仕事中に悪意を持った行動を取る人がいる。中国の人からは「中国は人口が多い。例え全人口の一％が悪い人であっても、日本人から見ると、たくさん悪い人がいるように見える。中国人全体を悪く見ないでほしい」といわれた事がある。確かに、意図しない事故と意識して行われる犯罪とは明確に区別すべきと考えるが、過去の冷凍ギョーザへの殺虫剤混入事件のように、原因が人による犯罪であっても、日本の消費者やマスコミによる、中国食品への批判は強烈なものがあった。原則として、事故は諸々の技法での改善と再発防止の作業が重要であるが、犯罪は

写真32　調査助手として現地で雇用した学生アルバイト。英語で外国人と直接話すのは初めてと、熱心に調査を手伝ってくれた。トンボが捕まるまで長時間、池の横で捕虫網を振り回していた彼も、今では語学力を活用して貿易会社の社員として活躍している。

犯人を検挙すれば再発を防げる。それにもかかわらず、多くの中国食品のボイコットに繋がる日本人の発想にも寂しいものを感じるが、中国人の知人の話すように、人口の多い中国人の中には、恐らく日本人と同じ割合で悪い人がいて、人口が多い分だけ、悪人も多くなると考えるのが無難かも知れない。

中国政府により、人口が多い都市部では「一人っ子政策」が実施されている。中国の街中を見ると、両親と双方の祖父母、合計六人の大人に、大事にされている子供を見かけることがある。一九七九年に開始されたこの政策も、三〇年以上継続され、職場においても中堅となる年代の人たちとして働いている。育った環境により人格や能力は変わるが、一人っ子として家族に溺愛された人たちの精神的な傾向を考慮して、仕事を共にした方が無難であると考えさせられる事が多い。

中国の地方都市での食品製造工場周辺環境の調査で、英語を学んでいる大学生に助手をお願いした事がある（**写真32**）。初めての外国人（日本人の私）と、勉強中の英語で会話し、雇用料金も学生のアルバイトにしては、現地の賃金と比較して高く設定したので、毎日、嬉々として昆虫採集やトラップの設置を手伝ってくれた。その調査中、環境指標虫として捕獲したかったある種のトンボを、私が採り逃がしてしまった。これを見たアルバイト氏は、捕虫網を貸してくれと言って、網を持つと水辺に立ち、長時間、網を振り回していた。次の地点の調査もあるので、この場所を切り上げて他に移動したいと伝えたが、アルバイト氏は「私は、トンボを捕まえると約束したから、捕まえるまで動かない」と言って、私達が他の場所の調査に移動しても、水辺に残って特殊なトンボを追いかけていた。しばらくして水辺に戻ると、途方にくれたアルバイト氏が、「私は、トンボを捕まえることができなかった、だから、今日の給料はいらない」という。これは以前、道路工事で観察した「文革時代の負の遺産」とは明らかに異なった発想である。

また、調査中の工場の潜在環境の指標となる、自然の植生が残されていたアルバイト氏の大学内緑地で調査をしていて、昼食時間となり、「大学の近くに、どこか美味い食事ができる場所がないか」と聞くと、私が案内すると言い、地元の人が入る中流の食堂に案内してくれた。そこで、お勧めの料理を食べ終わり、支払いになると「ここは、私が案内した店だから、料金は私が払う」と言って、頑として譲らない。中国の街中の食堂では、レジカウンターの前で、会食後に「俺が払う」問答が高じて最後には喧嘩をする人たちを見かける。頑強に「俺が払う」を主張するアルバイト氏に妥協し、御馳走になったが、苦学生にとっては、大きな出費になったものと想像する。

ある日本人の工場責任者が、何回注意をしても、自己主張だけを繰り返し、指示どおりの仕事をしない若い部下が持参した書類を投げ返した。翌日に彼は、即刻辞表を提出した。その人間に期待をしていた工場責任者は、前日の事柄を詳しく説明し、残留を説得しても、退職したとの事である。

このような事例は、一人っ子が、経済的な苦労も少なく、「面子」を最優先として成長してきた過程に形成された意識ではないかと想像する。反面、自尊心を傷つけられるようなことや、強い叱責を受けた場合には、深く落ち込み、状況によっては思いもよらない反抗を受ける事を覚悟して、若い中国人と付き合う必要があるのではないかと考える。

③ 韓国のケース

中国と同じく、日本の隣国であるが、歴史上の出来事の影響で、日本に対して特別な感情を持つ人もいる。しかし、仕事上の関係では、儒教の国としての伝統があり、紳士的な人が多い国でもある。私の韓国での食品製造施設とのお付き合いは、他の地域とは異なり、製造施設の視察が中心で、製造現場の中に深く立ち入った経験はないが、韓国で感じた事項について紹介する。

韓国の大手の食品製造工場の視察に行った際に、工場幹部の出迎え、工場紹介を経て、生産工程の見学をする事になった。私以外の専門家は、工程内の機械や加工状況などを中心に見学していたが、製造活動とは無縁の私は、工場の窓枠に転がる昆虫の死骸や照明、窓に付着したハエ類の糞などを観察していた。

他の見学者と別行動をとる私の動きを不審に思ったのか、製造会社の幹部の一人が、「あなたは何を見ているのだ」と聞いてきた。私の専門分野を説明し、「食品製造活動よりも、失礼かも知れないが、防虫管理状況が気になって、窓や照明を見ていた」と答えた。その幹部は、防虫に非常に興味を示し、フライスポット（ハエ類の糞）による施設内の状況確認方法や、粘着シートトラップの効果的な設置方法などの説明を熱心に聞いていた。その後、屋外の植栽に一時的に大量に飛来して、気温の上昇と共に活性度が向上し、施設内に侵入してくるハエ類が集まっている花壇の状況などを説明している頃には、数人の製造会社の人が集まり、熱心にメモを取っていた。次の場所への移動の時間が迫り、バスに乗り込む際にも、熱心に防虫に関する質問をするので出発が遅れて、他の人達に迷惑をかけてしまった。

本当に韓国の人は知的好奇心が旺盛で、仕事に熱心な人が多いと感じていたが、他の施設を視察して、多くの人と接触するうちに、防虫や衛生に関係する職務の人は、私の仕事について非常に熱心に聴くが、これと関係の薄い職務の人は、防虫や衛生に対して、見事に無関心であるような様子が見えてきた。さらに、基本的な防虫モニタリング用の機材は、形としては設置してあるものの、施設によっては全くこれを運用、活用している形跡のない所も存在した。施設内の「アラ探し」で、衛生管理上の問題点を確認しても、施設や工程によって、衛生管理度合いには大きな差が感じられた。

視察も終盤になった時に、視察会を企画した韓国の食品専門家に、どうして視察した施設では衛生管理度合いにバラツキが大きいのかと質問した。そこで返ってきた答えは、「韓国の労働者の考え方の根本には、徴兵制度や先輩、後輩の関係、儒教などで形成される指揮系統の上下関係が強固であり、上司の指示は確実に実行する気風がある。そこで問題なのは、上司（ここでは、衛生担当者）が不真面目な場合は、工場全部が不真面目な状態になる」とのことであった。

【エピソード】近くて遠いお隣同士

中国と韓国では、歴史的な事柄から、「反日行動をとることが愛国心である」というような教育を受けている。近年の領土問題に端を発した一連の反日騒動で、業務上の関係や観光などに支障がおきている。この騒動の中で、日本で働く中国人に中国国内の状況を聞くと、「中国は、そんなに恐ろしいところではない。でも、今は中国に入らない方が良い」と答える人が多かった。また、中国に里帰りして、再度、日本に出向く際には、親戚や友人から、こんな時に日本へ行ったら、ひどい目にあうからと、訪日を延期するように説得されたという。しかし、日本で働く中国人は、「一か月でも日本で生活した経験があれば、日本人は中国人に対して、悪口を言ったり虐めることはしないと理解できるようになる」とのことである。お互いに、異質の教育、歴史観、文化を持つ外国人同士が判りあうのは難しいものであるが、共に協力して、良い製品を国際社会に提供していきたいものである。

④ イタリアのケース

イタリアでの防虫コンサルタント業務は、農産地に近い南イタリア地域で実施した。イタリア人の言からすると、工業中心に発展してきた北イタリアの事情とは異なるものかと思うが、ここでは、農業が基幹産業である南イタリア地域で経験したことを中心に説明する。

イタリアの業務で、最初に洗礼を受けたのは、会議である。海外で防虫の業務に着手する際は、防虫管理の必要性、防虫技法に関する意見交換を行い、現状で実施されている防虫管理の内容情報などを収集してから、製造現場や周辺環境の調査を開始する。イタリアでの日程を見ると、会議に費やす時間が多いように感じていた。実際にイタリア人関係者との会議が始まった直後に、防虫説明の会議に一日を費やす理由が判った。

もし、日本で防虫のテーマで外国人専門家を招聘して、製造各部署の担当者に対して、説明会を開催するならば、最初に専門家の説明を聞いてから、具体的な業務実施に向けての意見交換をするのが普通である。しかし、イタリアでは、まず最初にイタリア人参加者一人一人の防虫や衛生管理に関する自分の意見の演説を聞かされることになる。延々と話される内容も、主観的で科学的根拠に乏しい意見が多い。防虫に関する主な主張には以下のようなものがあった。

写真33　イタリアの食品製造工場の入口。間口が大きく、操業時の熱を放出するために各所に網があるが、小さな体の昆虫類は容易に通過できる。また、出入り口付近に灯火誘引式昆虫捕獲器の「青い光」も見えて、不用意に屋外に生息する昆虫類を建物内に誘導している。

「虫は製造作業開始前に、工程内を水で綺麗に清掃するから、私の工場では問題がない。」

「工場のドアは閉めてあり、窓にも全て網戸があるので虫は入って来られない。」**（写真33）**

「検品工程で、熟練した社員が徹底的に検査をしているので、虫が入っていれば確実に排除している。虫は日本の食卓で入ったのではないか？」

「屋外に無数に生息している虫を、製造現場の中や製品に入れないようにするのは不可能だ。」

このような、非科学的な意見を長時間語りまくる。最後には、通訳も説明するのに飽きて、「今、彼は何を話していたのか？」と聞いても、先程、他の人が言った意見と同じ内容の話を熱く語っているだけだから、聞き流していてください、と言われる始末である。日本での会議に慣れている者にとっては、まさに苦痛の時間が続く。

こちらは、過密なスケジュールで長旅の疲れと時差ボケもあり、一刻も早く現場を確認し、虫の調査を開始したい気持ちの焦りもあって、イタリア人並みの強い調子で、彼らの意見に対して、皮肉を込めて反論を開始した。水で洗浄すれば虫も流れるとの意見に対しては、「そうですか、イタリアの虫は簡単に水で流されてしまいますか。日本では雨で流されて、住処《すみか》を失う虫はほとんどいません。イタリアの河の中には、たくさんの流された虫がいるのでしょうね」と返した。

工場のドアは閉めてあるとの意見には、「あなたは虫を見た事がないのか。昆虫は人間や犬、猫よりも小さく、空間を飛んで移動することもでき、ドアや窓からだけではなく、原料や資材の持ち込みの際に開放される空間や、壁に開いた小さな穴からも、大挙して侵入できる生物ですよ」と説明した。

検品工程で排除すると言った人には、事前に入手していた日本国内で製品内に混入した事故記録と虫体写真を示して、人による検品の限界を説明した。

外にたくさん生息している昆虫を排除するのは不可能と語った人に対しては、一緒に製造現場に入ってもらい、特殊な悪臭のする排水溝から汚泥を採集し、これを試験管の中で、清浄な水で希釈して見せた。当然、腐敗の進んだ汚泥の中から、「線虫」のような形状のチョウバエ類の幼虫が出現した。これを見せて工場内の虫は全て外から侵入しているのではなく、工場内で発生しているものが多いと説明したところ、会議参加者一同は、顔色が変わるような驚愕を示し、ここで、やっと当方がイタリアへ来た目的である、防虫管理技法の構築の話が始まった。この製造施設は、田舎の汚い製造施設ではなく、いち早くＨＡＣＣＰやＩＳＯに取り組んだ、食品の衛生管理、品質管理に関しては先駆的な行動をしている会社である。このような製造施設でも虫体異物混入事故は経験しているものの、科学的な分析と排除技法の検討が実施されてこなかったために、最初に、このような議論がされたものと思う。

最初は、防虫管理に対して関心を示さなかった食品製造会社の管理者も、この会議によって問題を認識した後の行動は、驚くほど迅速で、誠実な改善が実施された。

特に圧倒されたのは、第二次の業務で、半年後に同じ製造施設を訪問した際に、以前の調査時に見られた、昆虫が容易に侵入すると指摘した建物の隙間には、全てコーキング処理が施され、出入口も送風装置付き、暗室付きの二重の防虫構造となり、ここからの昆虫の侵入を防いでいたことである。おまけに、工場長発案の、夜間休業時に室内に殺虫剤を自動的に噴霧する装置まで設置してあった。これについては、殺虫剤（化学物質）による原料汚染の危険性があるので、生産工程外で使用してもらうことにしたが、防虫管理に関する情熱には感心させられた。この旨を伝えると、「イタリア人はローマ帝国時代とルネッサンスの二回、世界を制覇する時代があった。我々はその子孫である」と胸を張っていた。

また、イタリアの名車フェラーリに見られるように、イタリア人には、物づくりに対する情熱と豊かな発想があるのではないかと感じた。

防虫業務に関する理解を得られた後は、施設の防虫モニタリング設計と各種トラップの設置に着手することになる。まず、ライトトラップの設置のために、工程内のトラップ配置場所の選定、モニタリング実務担当者の選定と電気配線、取り付けなどの仕事をする工事関係者の会議への参加を要請した。会議室の机の上に工場の図面を広げ、話し合いを始めた。その時に、椅子を準備してあるにもかかわらず、工事関係者が着席しないで会議に参加していた。違和感を覚えながらも、会議は終了して、帰路の車の中で、工事関係者は会議中になぜ着席しなかったのかを、駐在歴の長い日本人に聞いてみた。すると「それは、工事関係者は身分が違うので、着席しなかったのだと思う。他の参加者も、なぜ工事技術者が事務棟の会議室に入っているのか不思議に感じていたのではないか」との事であった。確かに、会議を中断して、現場での確認の必要性が生じた時でも、製造に係わる責任者である工場長以下、製造、品質管理系の人は立ち合いに同行するが、企業の経営陣は、工場に入ることは無かった。日本の企業であれば、社長が現場を視察して、意見を述べる事は当たり前であるが、貴族社会の伝統と明確な業務分担、分業を重んじるイタリアでは、仕事の進め方が、指示をする側と指示を順守実行する側が明確であり、現場からの情報なり意見が入りにくい部分もある。しかし、指示者の能力によっては、迅速な改善ができやすいと感じた。職場の従業員一同が力を合わせる日本の業務形態と異なることを実感させられた。

また、日本の食品製造施設の多くは、作業終了時の清掃は、従業員が実施し、施設の整理、整頓、清潔には責任を持っている。しかし、海外の食品製造施設では、生産活動終了後の清掃は、専門業者に委託している場合がある。イタリアの施設も、操業が終了した夜間に、専門業者が高圧水洗浄で、作業中に生じた残滓を洗い流していた。清掃会社の者が、水を被りながら熱心に清掃していたが、照明の一部が落とされた薄暗い工場の中での洗浄は、少々、乱雑な感じを受けた。そこで、洗練された日本の食品工場での清掃の基本を、イタリアの食品製造会社の環境整備担当者に披露した。

まず、高圧水洗浄作業は、二人が一組になって実施する事。すなわち、一人が汚れた場所を探して、ホースを持つ者に汚染場所を指示して汚れを確実に落とす事。さらに汚れた場所以外にも、高圧水によって残滓が飛散することによる、製造機械の汚染、電気系統の破損を防止するための養生や放水方向に配慮する事。水圧によって機械や床の隙間に押し込まれた残滓を排除するために、マイナス型ドライバーもしくは金属のヘラ、ブラシを携帯して、チョウバエ類、ショウジョウバエ類の発生源となる僅かな残滓も排除する事。掃除の時間帯であっても、灯火に誘引飛来する昆虫類を防止するために、窓やドアの開放をしない事、などを順守するように伝えた。特に、二人一組になって洗浄する規則は、翌日からの工程内洗浄状態が改善され、成果があったと喜ばれた。日本の企業であれば、清掃も製造活動の一部と考えて、万全の態勢で実施されているが、分業形式が強い地域では、清掃は掃除会社に、防虫は消毒会社に任せる傾向が強い。もし、不真面目で、技能が乏しい掃除会社や消毒会社と契約してしまえば、状況によって、製造会社は大きな損害を被るということを考えていないようである。

しかし、このような実例を示して、判りやすく技法を説明し、これを理解すると、迅速に自分達のものにして活用する姿勢には、見習うべきものがある。

【エピソード】誇り高きローマ帝国の末裔たち

イタリアにはローマの旧市街やベニス、ポンペイのような、有名な場所だけではなく、国内の至る所に文化遺産が存在する。ある日、食品製造会社の幹部と昼食に出た際に、道路付近にあった遺跡を示して、「イタリア人は古い文化を大切に保管している。街中で普通に古代の遺跡を鑑賞できるのは素晴らしいことだ」と話したら、にわかに、イタリア人幹部の目つきが変わった。「遺跡に興味があるのか。判った！」と彼は、車の進行方向を変えて、山の上の古城に向かった。城の内部や付帯した昔の牢獄跡などを見学し、何処かに電話をしたと思ったら、今度は、教会に案内された。先程の電話は、教会関係者へ重要な文化財が保管されている部屋の開錠と説明を依頼していたものらしい。教会関係者の話によると、何でも、教会の床は時代によって何層にも分かれていて、一番下の床は三世紀のものであるとの事、それ以外に街の歴史や領主の変遷を熱心に語りだした。恐らく、日本人がかつて訪問した事もないと思われる地方都市の隠れた教会であり、説明にも力が入っていたものと想像する。

私もイタリア訪問の目的が観光であれば、喜んで興味深く、ビザンチン芸術やローマ帝国の遺跡を拝見するが、昼食を終えたら直ぐの、日没前に工場内各所の照度を測定し、灯火に飛来する昆虫類防止対策の基礎資料を作成する予定でいるのに、困ったものであった。何とか教会見学を切り上げて業務に付いたが、翌朝、工場に出勤すると、イタリア人幹部が、今日は仕事を止めて、この地方の文化遺産を案内すると意気込んでいる。翌日は他の施設の調査に移動する事にもなっていて、この配慮には困ってしまった。苦肉の策として、「素晴らしい配慮を有難う。しかし、偉大なイタリアの遺跡を拝見するのに、業務のついでに立ち寄るのはしのびない。次回、妻や家族を連れて訪問するので、その時に案内をお願いしたい」と丁重にお断りした。彼は、千載一遇のチャンスを無くすのかと言いつつ、施設の調査を開始させてくれた。

初対面の時は、東洋から何をしに来たのか、というような態度で接していたが、仕事の内容を理解し、相互の情報を共有した後は信頼関係が構築され、底抜けに親切で、自分たちの文化に誇りを持つ南イタリア人の気持ちにふれた思いがした。なお、今日まで、彼のもとを妻や家族と共に訪問し、遺跡を案内して頂くチャンスは逸している。あれは、まさに彼が言うとおり「千載一遇」のチャンスだったのかも知れない。

イタリアの農地

イタリア製食品での虫体異物混入事故は、食品製造加工中に虫が混入した事故の他に、農産物の内部に潜入もしくは付着したものが除去されることなく、製品中から発見されたものと推察され、原材料を生産する農地、集荷状態、搬送状態も追跡調査する事にした。

まず、農地の管理者と面談し、圃場《ほじょう》ではどのような害虫制御を実施しているのかを取材した（写

写真34　イタリア南部の広大な農地

写真35　広大な農地に設置されたガ類誘引捕獲用のフェロモントラップ。周りのホースのように見えるのは点滴灌水用のパイプ。

真34）。作物の防虫担当者は、基本的な防除技法として、加害種であるガ類のフェロモントラップ（写真35）を圃場に配置して、害虫活動動向のモニタリングを実施しているとの事で、害虫の発生が顕著な場合は、害虫駆除処理としてＢＴ剤を散布しているとの事である。ＢＴ剤は天然の微生物（細菌）を利用したもので、これを昆虫類が食べると消化の過程で毒素が発生し、死に至る薬剤である。元来、自然界に存在する微生物を利用しており、化学合成殺虫剤と異なり、天然物由来であることから、人畜や環境に対する影響が少ない防虫剤として注目されているものである。

しかし、本業務でイタリアを訪問していた時期に、ＢＴ剤は新しいタイプの殺虫剤として注目されていたものの、生産量も少なく、それほど普及はしていなかった。そこで、防虫担当者に、ＢＴ剤の使用内容や駆除効果について質問をすると、曖昧な返答しか返ってこない。最後に、ＢＴ剤を保管している場所で、どのような製剤を使用しているのか見せてもらいたいと話すと、現在、在庫が無いとの説明で、殺虫剤倉庫には、世界各地で普通に使用されている有機リン殺虫剤やピレスロイド殺虫剤のみが保管されていた。また、ＢＴ剤を使用した経験があれば知っているはずの、特殊な幼虫の死に方（体がくびれて死ぬ）についても質問したが、明快な回答がなかった。あたかも、買い付け人が圃場を訪れた際の回答マニュアルを読み上げるような説明で、実際に、農地で行われている殺虫剤処理作業は、説明と異なった方法で実施されているのではと疑念をもった。フェロモントラップの設置も、「フェロモンの配置によって、繁殖行動の攪乱を狙っている」との説明であったが、農地の面積に対して、設置されているフェロモントラップが少なく、広範囲の地域のガ類の行動を攪乱する効果は無いものと考えられた。

これらの事から推察して、農地管理者である栽培専門家は防虫に関する専門知識に乏しく、恐らく、彼の上部団体の防虫専門家の話を聞いたのみで、これを実際に理解し、運用していることはないものと判断できた。すなわち、勉強会か文献で、圃場の殺虫剤としてBT剤は安全で有効であるという情報を得て、使用する殺虫剤について日本人が聞きに来たら、実際の内容とは異なっても「BT剤」を中心に使用していると答えておけば無難だろうと考えていたのではないだろうか。また、防虫モニタリングの技法については理解がなく、「フェロモントラップを設置さえしておけば、何か効果があるだろう」と考える程度の管理内容で、当初期待した防虫モニタリング結果の科学的分析に基づく殺虫剤処理計画を実施し、減農薬で多大な防虫効果を得る技法とは、ほど遠い実態をみる事ができた。

幸いにして、ここでの農産物を原料とした食品から、残留農薬その他の有害な化学物質が検出された事例は無いが、トレーサビリティーを実施する上で、書類や担当者の説明だけではなく、化学物質を使用したり、これを指導する立場の人の技量を確認する必要があると感じた。このような伝達、実施上の問題は、先に食品製造施設で見た、「階級社会」と職場の分業化の弊害として、上意下達が正しく機能していないではないかと考える。幾つかの製造施設や農地の管理者と面談し、状況を視察しても同じような傾向が見られた。レオナルド・ダ・ビンチのような天才が中心となって文化を切り開いた国では、天才の指示が末端まで正確に到達しているかどうか確認する事が、良好な業務を遂行する上で重要ではないかと考える。

南イタリアの農地では、乾燥地帯であることから、点滴灌漑（水や液肥をチューブの中に通して、土壌に配管し、水、肥料を作物に与える灌漑法）を実施している。灌漑されていない地表は乾燥していることと、単一作物の作付面積が広大であることから、農村地域に生息している昆虫相も日本の農村と比較して貧弱である。しかし、灌漑によって適度の水分があると、農作物を加害する害虫は、局所的に大量発生する危険性を秘めている（写真36）。さらに、乾燥した農地でも、点滴灌漑により、唯一定期的に水分が補給される農作物周辺での昆虫類の生息密度は高くなっている。そこで、成長段階の作物の種実が、鳥や害虫によって傷つき、内部から水分が流出すると（**写真37**）、水分を求めて多くの種類の昆虫類（幼虫も含まれる）が侵入もしくは産卵して、農作物の内部に潜んだまま、加工施設まで運搬されているものと推察された。また、材料が農地から加工施設まで運搬される途中の車両の荷台にも、水分や作物の汁を求めて、ハエ類を中心とした昆虫が集まり、農作物内部に潜入して持ち込まれている事が判明した。このように、農産加工品製造施設では、昆虫類が加工途中に製品内に落下、迷入して事故原因になる場合と、農産品の内部に潜入して、これが排除されないままに、製品化されてしまう事故があるので、農地から食卓までの適正な管理が必要になる。

写真36　石が多い畑に植えられた作物の苗。苗の間に点滴灌水用のパイプが配置され、肥料と水を作物に与える。このパイプ周辺だけが水分を供給されるので、パイプ周辺の石の下に、ゴミムシ類・ヤスデ類・コオロギ類など湿気を好む虫類が多数生息し、パイプから離れた場所では生息数が少なかった。

写真37　トマトのオオタバコガ幼虫による穿孔被害。このように穴が開いた作物の中には、オオタバコガ幼虫以外にもショウジョウバエ類、その他ハエ類の幼虫が果肉の中に潜んでいるのも確認された。

【エピソード】中田英寿と子供とワイン

農地での調査中、会議のために地元の農家のリビングルームを借用した。小麦、野菜、ブドウなどを栽培し、乳牛、羊、アヒルを飼育している典型的なヨーロッパの田舎の農家である。机の上には、自家製のチーズとワインが置いてあり、酔わない程度に、これらを味わった後に会議が始まった。最初に防虫管理の説明で、私の話を終えた。その後の会議では、農作物の作付けや品種、施肥管理などの話し合いが行われた。例によって、一人一人が、身振り手振りを交えて、延々と議論を始めたので、地方都市の農家の様子に興味があった私は、会議室を出て、納屋や家畜小屋の周りを観察していた。

映画やTVなどで見たことはあるだろうが、実物の東洋人を見たことがないと思われる子供たちが近寄ってきた。言葉は通じないものの、「チノ、チノ（中国人）?」と聞いて来るので、日本人だと答えると、一斉に中田！中田！と喜んでサッカーのポーズをとる。当時、イタリアのサッカーチームに所属していた中田英寿は、イタリアの子供達が知っている唯一の日本人だったかも知れない。丁度、調査用に持参していたインスタントカメラで写真を撮り、魔法使いのようなパフォーマンスをして、写真が現れるのを見せていた。子供の歓声に驚いて、農家の主人が現れて、子供たちにプレゼントした写真を見て喜んでくれた。

その後、私を手招きして、納屋の地下室に案内してくれた。そこは、なんとワインの貯蔵庫で、家族で飲むワインの樽が並んでいた。他の人は会議中であり、少し後ろめたかったが、樽を開けてグラスに入れてくれたワインをいただいた。品種によって個性の強い、色々な地酒を味わうことができた。その中で、「これが一番旨かったよ」と樽を指さすと、持って帰れと何本か瓶に詰めてくれた。自家製の丸いチーズも持って行けとすすめるが、その後も真夏の農業地帯を車で移動するので、チーズは辞退をした。しかし、ワインはイタリア旅行中に楽しませてもらい、残りは日本へ持ち帰り、東京のイタリア料理専門店に持ち込み、友人たちと「利き酒」を楽しんだ。駆け引きの多いイタリア人との仕事の中で、純朴で親切な人と出会った楽しい思い出である。

⑤ トルコのケース

トルコの業務もイタリアと同様に、農産物加工食品の防虫管理コンサルタントとして出かけた。イスタンブールから車で一日がかりで、未だにトルコの地図を見ても見当が付かないが、商社の人に聞くと、イスタンブールとアンカラの間で、ややイスタンブール寄りの地域だそうだ。田舎町の風景の中に、ぽつんと存在する大きな工場に案内された。近隣に町は無く、食事も宿泊も工場の中のゲストハウスでの生活をしながら、防虫調査を開始した。ここで働く会社幹部は施設内の社宅で生活し、労働者は、近隣に散在する集落から会社のバスに乗って集まってくるらしい。トルコもイタリアと同様に、古代文明の栄えた地域で、愛国心も強く、貴族社会的な意識が残った国である。イスラム圏であるが、トルコ初代大統領のムスタファ・アタテュルクの考え方が普及して、西欧化が進められている関係で、飲酒も容認されており、対日感情も良好な人々が多い。日本人では知る事の少ない、和歌山県沖で座礁したトルコ軍艦の救出活動や、トルコがロシアと対立していた時代の日露戦争での日本の活躍、第二次世界大戦後の驚異的な復興などの話をして、日本が好きで、日本人を尊敬もしていると話してくれる。また、科学的な情報を正確に受け止める姿勢があり、一部の国のように、自分達の都合が科学よりも優先するような事はない。

私の業務を開始する際にも、遠路一日かかる大学から農学部で昆虫学を担当している教授を招いて、トルコ国内の農業上の重要害虫について情報交換をさせて頂く機会を与えてくれた。ここでも、作物を加害するガ類の駆除について「ＢＴ剤」の使用の話が出たが、駆除成果や安全性に対して、極めて期待が持てる薬剤であり、大学の実験農場でも試験を繰り返し行い、良好な結果を得ているが、価格の面で、現時点ではトルコ国内の農家への普及は進んでいないとの説明があった。先に訪問していたイタリアの農業専門家と異なり、誠実な印象を受けた。

圃場の防虫管理に関する基本的な情報を得た後に、食品加工施設の調査に入った。最初に気になったのは、建物の電燈や窓、壁などに付着した大量のフライスポット（ハエ類の糞）である。施設を案内してくれる担当者は、立派な施設だろうと、自慢げに話すが、人の口からの説明よりも、昆虫類の生活痕確認の方が害虫の活動状況を顕著に示してくれるものである。トルコでは、広大な農地に同じ作物を栽培する大規模集約化方式ではなく、一定の面積の耕地で、小麦、野菜、アーモンド、オリーブなどを栽培していた（**写真38、39**）。その関係で、周辺環境下に生息する昆虫相も豊富であり、各種の指標昆虫を捕獲する事ができた。日本では特別天然記念物に指定されているコウノトリ（トルコに生息するのは、日本コウノトリの近似種シュバシコウ）が、ここでは東京で見られるカラスのように、大群でゴミ捨て場で餌をとっている（**写真40**）。穏やかな農村地帯であった。

写真38　広大な農地に、大型機械を入れて収穫するイタリアの農場。

写真39　イタリアの農地と比較して小さな農地で、人の手によって作物を収穫しているトルコの農場。

写真40　空地に捨てられたゴミをあさるコウノトリ。トルコの農村地帯は自然度が高く、多種の野生動物が確認された。

その関係で、ここでは施設外から建物内に侵入する昆虫への対策が必要であると判断された。

食品加工工場は、伝統的な製造方針に基づくイタリアで見た工場とは異なり、ＨＡＣＣＰの考え方を基本に運営され、衛生管理上の細かい部分まての配慮が見られた。さらに、施設の清掃も日常的なものは従業員が製造終了後に毎日実施し、週に一度の休日には、清掃専門会社が、日常管理しにくい場所の大掃除を実施していた。一見して、内部は清浄な状態に感じられた。また、施設内を案内してくれた品質管理担当者も自慢げに、製造工程の説明をしていた。しかし、防虫管理コンサルタントの習性で、虫の発生源になる少量であっても危険な残滓を見つけて、品質管理担当者に示し、さらに細かい部分までの清掃をお願いしたところ、「今は製品製造中であり、僅かなゴミが工程内に落ちているが、業務終了後に徹底した清掃

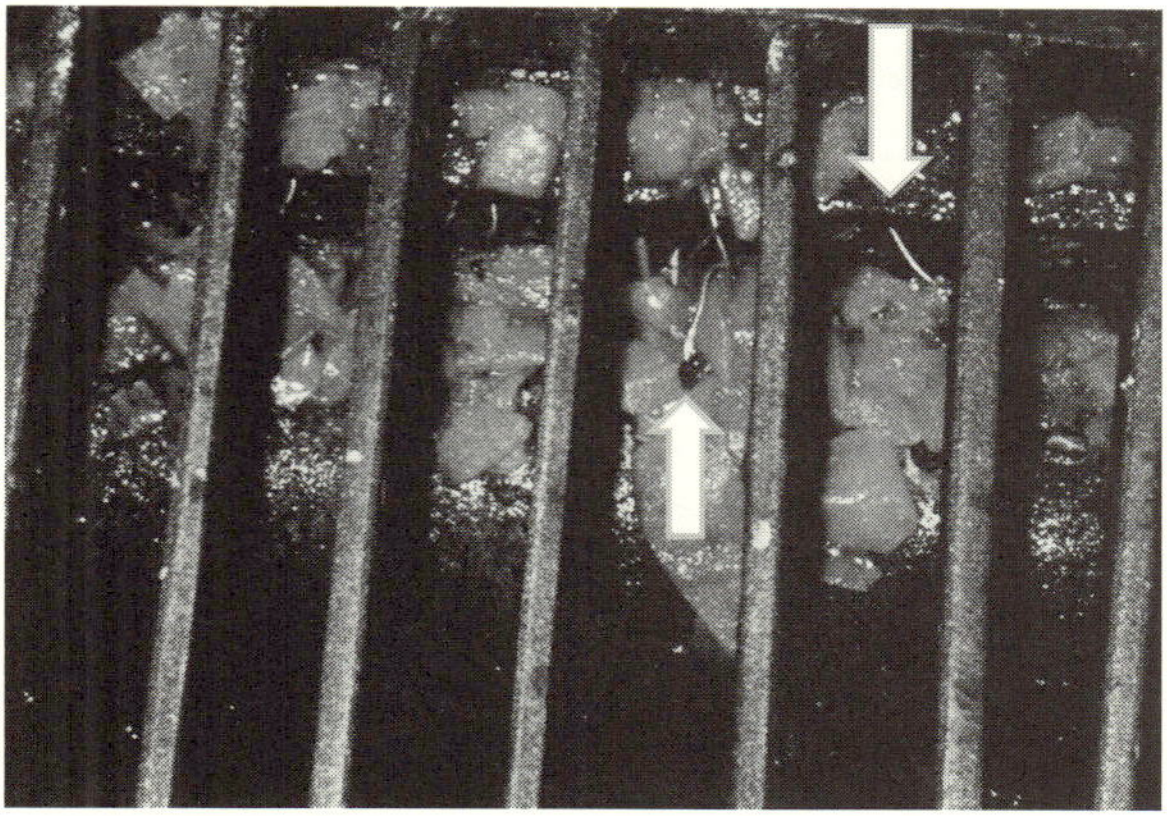

写真41　矢印部分は、残滓から発芽した農作物の芽（モヤシ）

をするので、今指摘された汚れから虫が発生する余地はない！」と説明された。

確かに、昆虫類が成虫になるまでには、最短の生育期間で生育するショウジョウバエ類であっても、一週間程度の時間が必要である。しかし、工程内を調査していて、気になっていた原料の農作物の種子が、加工中に床や排水溝、機械の隙間などに落下して、発芽して「小さなモヤシ」が生育している状況を、幾つかの場所で確認していた（**写真41**）。品質管理担当者が、余りにも自信を持って、清掃の完全性を主張するので、少々嫌味な言い方になってしまったかも知れないが、「トルコの農作物の発芽は、恐ろしく早いものですね。この発芽している植物は、朝の作業開始時に落下して、現在の午前中の調査時に、ここまで生育するのですね？」とモヤシを懐中電灯で照らしながら示した。すると、品質管理担当者の顔が曇り「アイアムソーリー」と一言発し

写真42　技術者として優秀なトルコ人女性スタッフと著者。

た。その直後に、一緒に調査に同行していた男性幹部が、事務所に慌てて向かって行った。何かまずい事でも言ってしまったかも知れないと思いながら、昼食後、午後の会議に参加した。会議場に入ると同時に、会社の工場長他の幹部が集まっていて、握手を求められた。通訳に握手の理由を聞くと、品質管理責任者（女性）に、現場で問題を的確に指摘して、あの「鉄の女」から、「ごめんなさい」の一言を言わせたことに関する称賛であるとの事であった（**写真42**）。

男性幹部たちから称賛されて、少し気分が良くなったが、冷静にこの状況を考えてみたら、恐らく、この会社の男性幹部たちは、論理的に強い意志を持って職務を遂行してきた品質管理担当者の実力に、頭が上がらなかったのではないかと推察された。工場の衛生管理状況をよく調べてみると、出入口の防虫的密閉管理、施設の隙間養生など細かい部分まで、品質管理担当者の努力の跡を確認する事ができた。海外の業務で短期間に成果を上げるには、現地のスタッフの中で能力の高いと思われる人を探し出し、その人を中心に業務を調整すると、物事が効率よく進行する。ここでは、男性陣に嫌われていた、「鉄の意志」を持つ品質管理責任者の女性が重要人物と考え、日本式の防虫管理技法や改善技法を伝授した。次回に訪問した際に、改善を要請した事項は、意図したとおりに確実に改善されていた。トルコで共に仕事をした人々は、仕事に対してプライドを持ち、誠実な仕事をする人が多いと感じた。また、親日的な人も多いことから、当方の提案や指摘を真摯に受け入れてくれた事も多く、お互いに有益な仕事ができたのではないかと思う。

トルコもイタリアと同様に古い歴史を持つ国であるから、労使の関係も貴族社会の伝統の影響を受けているものと推察される。私達が日常接触するのは、英語での会話が可能な高学歴の人、すなわち、工場の幹部の人達である。工場内で製造活動をしている人達は、トルコ語しか話せない、農作物の収穫期に合わせて、食品製造工場がフル回転する時期に集められた人達である。従って、日本で実施されている、直接食品に接触する従業員への衛生訓練のような、作業時における衛生管理業務を最優先とする意識の高揚を促すような技法での効果は余り期待できない。むしろ、衛生保持のための明確な規則を作り、これを徹底して順守させる方が効果的であると考える。実際の製造工程内での人の動きを観察していると、労働者の周りに親方的な人が配置され、従業員の作業状態を常に監視し、問題があれば迅速に注意、改善している様子が見られた。労働者の資質が高く、指示を忠実に守って、楽しそうに仕事をしている印象を受けた。

最近では、トルコは東洋と西洋の接点であるイスタンブールやカッパドキアなどの観光に出かける人が多くなっているが、日本人にとって、アメリカやアジア圏の諸国よりは、馴染みの薄い国である。イスラム教の戒律を守りつつも、科学技術を発展させ、西欧文化も積極的に取り入れている。

【エピソード】虫の調査と怪しい東洋人

害虫は工場の敷地の内外とは関係なく、自由に動き回って、場合によって施設内に侵入し、問題を起こす。また、害虫も自然界の産物であるから、初めて業務に入る地域では、最初に周辺の自然環境の状態を調査するのが第一歩となる。トルコでの業務の初日に、工場の外の状況を自動車に乗って調べに出た。あまり速い速度では、植生や土壌などを観察できないので、時速二〇キロメートル以下の速度で、ゆっくりと走行してもらいながら外を観察する。集落の近くまで移動した時に、犬を連れた子供が私達を見て、車を追いかけてきた。何か用事があるのかと思っていたが、子供は車を追い越して、家の前のベンチでお茶を飲んでいる父親らしい大人のところへ行き、我々の車を指さして何か叫んでいた。何か問題でも起きたのかと通訳氏に聞いたら、子供は父親に「変わった顔の人間が車に乗っている！」と興奮して話しているとの事であった。ここでも、私達は子供が初めて見た東洋人だったようだ。

怪しい東洋人の話は、近隣の村々にも伝わったらしく、数日間、工場周辺の農地で害虫の調査をしていたら、畑で仕事をしていた農家の家族が近寄ってきて、「工場に勤めている息子が、ゆうべ話していた日本人は、あんた達か?」と近づいてきた。農家の人達に、トルコは、食い物も旨いし、良い人も多く、仕事を楽しんでいると挨拶し、海外出張での有用なアイテムである「インスタントカメラ」で農家の方を撮影し、写真をプレゼントした。農家の主人は大変喜んでくれて、持参していた菓子やトルコ茶、冷たい井戸水などを振る舞ってくれ、別れる時には、収穫中のアーモンドの実を大量に持たせてくれた。イタリアでも同じような経験をしたが、観光旅行では味わえないことであり、海外の地方都市に最初に顔を出した日本人として、なごやかに接触して、少しは日本のPRに貢献できたものと思う。

製造施設内に多く見られたフライスポット（ハエ類の糞）はハエ類の活動指標となる。これが製造工程内に多く見られた原因を調査することになった。先に述べたように、イタリアの機械化された大規模の農場と異なり、トルコでは中規模の農地に色々な作物や果樹が栽培されている。従って、昆虫相は豊富であるが、製造施設周辺にはイエバエを中心に各種のハエ類が多数活動している。イエバエは家畜の糞のような腐敗植物質から多く発生するので、製造施設周辺の家畜舎やゴミ捨て場などにトラップを配置して、発生源の確認に努めた。近隣に馬や牛の牧場は存在していたが、堆肥の管理状況も良好で、イエバエの異常発生は認められなかった。むしろ家畜舎よりも食品加工施設の方がハエ類の生息が多く見られる状況であった。工場の内部での発生を考えて、敷地内のハエ類の発生源を探して回ったが、ハエ類の幼虫が生息する場所は発見できなかった。帰国する

写真43　トルコの農地で見られる堆肥（牛の糞）散布風景。使用された堆肥がハエ類の卵、幼虫（ウジ）を含んだ状態で、トラクターのタイヤの隙間、荷台などに付着したまま、食品加工工場の農作物集積場まで持ち込まれていた。

写真44　トルコの食品加工施設の農作物集積場。入庫作業が終了した後の水溜り周辺には、ハエ類の幼虫（ウジ）や蛹が多数確認された。

日も迫って、ハエ類の発生源に思いを巡らせている時に、ふと不思議な光景が目に入った。工場で原料として使用する農作物を搬入するトレーラー荷台を付けたトラクター周辺に小鳥が集まっていた。農作物を下ろした後、荷台に残った土砂や破損した野菜を洗浄するために、水が大量に使用され、駐車場のコンクリート地面に流れており、その水溜りで、小鳥が水浴びをしていた。よく観察すると、水浴び以外に、濡れたコンクリート地面で何かを見つけて食べていた。そこで、小鳥が歩いていた付近のコンクリート床を調べてみると、ウジ虫（ハエの幼虫）が数匹転がっていた。そして湿ったコンクリート床の亀裂の中や水溜り内には、ウジ虫が確認された。さらに比較的乾燥した場所の床隙間の土砂を掘り出すと、細長い小豆色をしたハエ類の蛹が多く見つかった。通常は家畜舎やゴミ処理施設から発生するハエ類が、ここでは、農地で有機肥料として使用されている熟成が不完全な牛糞（**写真43**）、鶏糞などに繁殖し、農作物収穫の際の土砂と共に運搬され、荷台洗浄の際、食品製造工場の駐車場床に流れだし、一部は小鳥の餌となり、残りは無事に羽化してハエとなって、製造施設内で活動している事が判明した。これが判れば、対策は簡単である。定期的に農作物を搬入する駐車場に、ハエ類幼虫駆除に有効な殺虫剤を散布すれば、工場内に飛来するハエ類の数量を減少できるものと判断された（**写真44**）。

⑥ タイのケース

タイでは、バンコク周辺の米、小麦粉を原料としている食品加工施設と北部のチェンマイ周辺の農産品加工施設、マレーシアとの国境近くの南部の魚肉加工工場の防虫コンサルタントを経験した。タイの人々は、国王を尊敬し、熱心な仏教徒が多く、「微笑みの国」と評されて、日本人観光客も多い地域である。実際に、仕事でタイの人達と接すると、古い歴史、文化を持つ個性的な行動に出会うことになる。

ある日系の企業がタイに進出した際に、日本と同様の設備で食品を製造しているのに、原材料の消費に対して製造品の量が少ない、いわゆる極端に「歩留まり」が悪い状態が続いた。不思議に思った日本人社員が、帰宅するタイ人従業員の様子を見ていると、大半の者が袋に製品を詰めて持ち出していた。早速、翌日、商品の持ち出し禁止の指示を出すと、今度は「工場の中に、こんなに製品があるのに、どうして家族や友人に分配させないのだ」と、ストライキに発展したとの話を聞いた事がある。まさに「仏」の教えの世界である。これは、日本の企業が東南アジアに進出した当初の時代の話である。

また、最近はこんな話も聞いた。数年前にバンコク、アユタヤ地方を中心に「大洪水」が発生していた時、コンビニエンス・ストアーの経営者が流れ込む水と格闘して、土嚢を積んだり店内に流れ込んだ水の排水していた。店の前は河のようになり、ボートに乗ったタイ人が「大変ですね」と「微笑み」を浮かべて移動して行った。しかし、夜になると昼間見たタイ人が、同じように「微笑み」ながら、店の商品を根こそぎ盗んでいったとの事である。真否の確認はしていないが、タイ人の性格を表している話であると思う。

赤い色のシャツ（反独裁民主戦線派の人々が、赤いシャツを着用する）の人々が首都の一部地域を占拠していた際に、現地に入るか否か迷っていたが、タイからの返事は「マイペーライ！（問題ない）」との事である。アジアの各国では、この手の「ケンチャナヨー（韓国語）」「メイクワンシー（中国語）」などの「どうって事ありません。大丈夫」という趣旨の言葉はよく耳にするが注意が必要である。空港に着くなり、日本人には見なれない土嚢の中の重機関銃、街の角々には、完全装備の軍人が警戒している。タイの路上には、茶色い制服を着た交通警察はよく見かけるが、警官と比較して、軍人は体も大きく、強そうに見える。

ホテルと食品製造会社の往復だけの日々が続き、テレビのニュースでは、紛争も終焉に向かっているとの報道があり、毎回訪れていた馴染みの店に電話をして、街は安全である事を確かめて、出かける準備をしていると、電話が鳴り「駅で爆弾テロがあった。外にでるな」との事である。翌日は、他のタイ人の知人から夕食の誘いを受けて、帰りにタクシーを待っていると、「ここは、今日、狙撃事件があった場所だから、向こう側でタクシーを待とう」と言う。休日に昼食をとるために、ホテルのフロントに、「ホテル周辺の飲食街は安全か？」と聞くと「まったく問題ない」との返事である。行き慣れた店への近道である陸橋を渡ると、そこは赤いシャツを着た集団の占拠区域のバリケードの中で、丁度、昼時であり、無料の昼食を配っているところであった。当然、飲食街も閉店状態なので、ホテルに戻り、フロントの従業員に「お前の話を信じたら、危ないところだった」と顛末を説明しても、にこやかな表情で「マイペーライ！」と返してくるだけである。

写真45　バンコク近郊の食品製造施設で見られた雨漏り。この下に食品加工原料が置かれていた。調査後、これを他の場所に保管して、応急的な立ち入り禁止措置用としてパイプを配置した。

水害にしても、紛争にしても、政府は深刻に受け止めて対応しているのかも知れないが、国民の多くは自然体で、流れに身を任せて平然としているように感じられた。本当に穏やかで、憎めない人達が多い。日本のギスギスした社会とは異なる空気がある。このタイ人の国民性が日本人観光客のリピーターや老後の長期滞在者を生む要因になっているのかと思う。

しかし、この性質が食品製造現場での衛生管理業務において、大きな落とし穴となる場合がある。

食品製造施設内部の衛生管理状況を調査していた時、屋外は熱帯地方特有のスコールが発生していた。窓からは、路上に落ちる雨のしぶきが霧のように見え、一部の排水溝では、雨水が工場内に逆流していた。

そのよう状態で、ある製造室に入ると、豪雨の影響で、天井から「雨漏り」が起きて、その下には、半加工状態の食品が保管されていた（**写真45**）。当然、半加工の製品には、天井の金属からの錆やカビ類などが、雨水に混じって落下している。「雨漏り」部分の汚れは、昨日今日に始まったものではなく、数か月もしくは数年間の期間で付着したような汚染物も認められた。驚愕の思いで、調査に同行していた品質管理チームのメンバーに、「どうして、この雨漏りの問題を放置していたのか？　品質管理のメンバーとして事故を未然に防ぐ意識は無いのか」と詰め寄った。その時のメンバーの答えは、「雨漏りはいつも気になっていた」「雨漏り箇所はここだけではなく、他にもある」「この件は、前から工務担当に話してあるが、一向に対応してくれない」。そこで急遽、工務担当者を呼んで雨漏り対策工事について確認すると、「屋根を直すには足場を組む必要があり、補修の材料費も高額なので、予算を付けてもらうように総務担当に話してある」という。ここまで聞いて、この人達に「雨漏り」放置に関する情報をこれ以上求めても無駄だと判断し、「雨漏り」部分の下に台車を配置して、ロープで立ち入り禁止および材料保管禁止区域を設定し、半加工材料を「雨漏り」箇所に置けないようにした上で、調査を中断し、工場の各部門の関係者に集まってもらい、「雨漏り」の対応を題材として、各担当者がどのような対応を取るべきかを検討する会議を開いた。

ここで、先に述べたような「洪水」「紛争」などに対しても、大らかな対応をとる傾向の強いタイ人の特性を考慮した上で、「自分の家で火災を発見したら、まずは初期消火として、バケツで水をかける行動をとるだろう」と話し、問題を予見もしくは確認した場合は、即行で対応する事（ロープを張って雨漏り箇所の下を立ち入り禁止にする事）、応急的に対応する事（次のスコールまでに、工事用のシートを屋根にかけ、緊急避難的に雨漏りを防ぐ）、恒久的な処置（予算をかけて、屋根を補修する事）、衛生保持の特殊事項（錆の養生、カビ類除去と防除処理）の手順を説明した。特に、この会議では、危機を感じた時には、他人事のように「へらへら」していないで、緊張感を持って、真摯に受け止め行動する事を要求した。

この一連の「雨漏り」事件の中で、タイ人品質管理スタッフの行動に関する特性も判ったが、日本の企業で訓練を受けてきた、私の気質に関する欠点も教えさせられた。それは、「微笑み」の国で育った人を、強く怒ってはいけないという事であった。問題を指摘し、改善を強く要求しても、「何をあんなに怒るのか、度量の小さい人だ」と思われる程度で、一向に行動や改善が始まらない。

彼らに受け入れられやすい問題指摘の方法としては、儒教思想の影響かも知れないが、性善説の発想から、「あなたなら、どうする?」と質問し、良い回答があれば、それを称賛し、さらなる発展を望む方式で、技量を向上させる方式が最善ではないかと思われた。

それからは、工程内で危険が予見される事が発見された際も、神経質に怒るのではなく、「きたないなー!」「危険だなー!」「危ないなー!」と「微笑み」つつ、問題をソフトに指摘して、後は、優れた能力を持つタイ人の自浄作用の活性化に期待するのが、効果的な管理につながるのではないかと考える。

写真46　タイの食品関連技術者（大学で栄養学、食品化学などを専攻したメンバー）の大半は女性で、真面目で高い技能を持つ人が多い。

実際に、ある製造施設では、衛生上の危険箇所の調査や確認の他に、前回の業務時間以降の、彼らが独自に改善した事項を指摘し、これを賞賛する事によって、製造施設内の衛生環境向上に大きな成果を得た経験がある。

【エピソード】優秀なタイ女性と害虫駆除

私がコンサルタントをしていたタイの食品工場で働く食品の専門技術者は、一名の男性の他は全て女性であった。その会社の幹部に聞いたところ、タイの大学で食品に関する勉強をする人の九〇％は女性であり、残りの一〇％はゲイであるとの事である。これの真偽は不明であるが、仕事に熱心で優秀な女性が多く目立つ職場である（写真46）。猛烈な暑さの焼成室周りの環境調査や、時として大量にゴキブリが出現するマンホール付近の調査、残滓の中からの幼虫探しなどの気味の悪い仕事を黙々と正確に実施する。訓練を重ねると、高度な防虫モニタリング分析による害虫発生予防処理の実施、主要害虫の同定、製造工程内の害虫生活痕の発見、害虫発生源の発見技能など、害虫駆除会社の技術者並みの技能を短期間に会得する。このことからも、優秀な素質を持つ人達が多い国であると感じる。

しかし近年、各種の製造工場がタイ国に建設され、優秀な社員の引き抜きが盛んに行われているらしい。製造現場の特性や状況を熟知した品質管理メンバーも同様に、賃金や雇用条件の良いところに移る事も多いようだ。かつて、日本の製造業を支えてきた職人集団と似た技量と能力を持つ人達は、同じ職場に長く勤めて、技能を蓄積してもらいたいと考えるが、高度成長期で、大量の雇用を必要とする地域では、金と待遇で容易に人が流れてしまうのは、仕方がないことなのだろうか。

タイでは、穀類、穀粉を扱う施設と、缶詰、農作物加工工場での業務を経験したが、それぞれの施設で問題となった害虫とその対策について説明する。

タイの穀類加工工場で製造された原料を、日本で開封したところ、虫が混入していた事件があった。持ち込まれた検体（虫）を調べると、ノコギリヒラタムシであることが判明した。本種は、日本の一般家庭、食品製造施設にも広く分布する昆虫であるが、タイで製造されて、開封時に発見されたとの事で、早速、現地へ調査に向かう事になった。

まず、食品製造施設を見ると、室内には穀粉が堆積して、各種の貯穀害虫の発生源は随所に存在すると予想された。しかし、元々熱帯地域で外気温が高い上に、焼成工程の排気が充分に機能していない施設であって、室内はノコギリヒラタムシが生育するのには、高温過ぎると考えられた。そこで、問題となった食品の製造工程の各工程を追跡し、冷房機能が存在する場所を中心に捜索した。基本的には、その商品は、冷房が効いた部屋に保管された形跡はなかったが、包材のダンボール箱が、臨時で冷房の効いた部屋に保管されていた事が判明した。

ノコギリヒラタムシは穀粉、穀類の中でも、変質してカビ類が繁殖しているような物を好むので、室内で湿り気のある場所を中心に探した。すると、案の定、クラーの機械部分にドレン水が床に流れ出しているところが見つかり、その周辺に保管されていた問題の商品を梱包するダンボール箱を精査すると、ノコギリヒラタムシが数個体発見された。また、未組立のダンボール箱は、湿気を防ぐために、古いダンボールを下に置いて、その上に並べられていた。下敷きのダンボール紙を剥がすと、その下の床には、大量のノコギリヒラタムシの成虫と幼虫が活動していた。

この事故が日本で確認されてから、操業を停止して、問題となった工程内の点検と清掃に追われていた。食品製造会社の幹部には、発生源と虫体混入の原因が、僅か一時間程度の調査で判明した事から、驚きと安堵の様子が見られた。当方は、害虫の教科書どおりの行動（変質した穀類を好む性質）に感謝しながら、仕事は一件落着、残りの日程は、タイで昆虫採集にでも出かけようかと考えていた。しかし、工場の日本人幹部から、残った時間は、従業員の教育と現場の衛生管理技術向上訓練に使用して欲しいとの要請があり、クレーム対応の業務から、突然、衛生コンサルタントの業務をする事になった。その上、休憩時間中、タイ人社員たちと、英語で普通に会話をしているのを見られてしまい、それまで準備されていた通訳も要らないだろうと、英語でのトレーニングを求められた。人使いの荒い日本人幹部であったが、業務終了後には、毎回バンコク市内の最高に美味しい料理を堪能させて頂き、これを楽しみに、事故終結後も定期的にその工場を訪問し、総合衛生管理のコンサルタント業務を開始する事になった。

ノコギリヒラタムシ以外の貯穀害虫の状況も調べた。原料の穀類は、搬入前にガス燻蒸処理を実施しているとの事であったが、ガス燻蒸（被覆燻蒸）を実施する技能は未熟で、防虫精度も低く、燻蒸を実施している倉庫の隅には、各種の貯穀害虫が動き回り、燻蒸済の穀類を調べても容易に「生存虫」が確認できた。ガス燻蒸を実施している技術者に、被覆内のガス濃度維持や測定技術について質問しても、例によって、「微笑み」と「マイペーライ（問題無いよ）」の返事が返るだけであった。また、穀粒がこぼれた穀類を運搬するトレーラーの台車を確認したところ、コクヌストモドキ、コクゾウムシ、コクガ類の幼虫、シバンムシ類など各種の貯穀害虫の巣窟であった。このトレーラーに、ガス燻蒸処理済?!と称される穀類を詰めた袋を積み込んで、食品加工施設搬入までの間、炎天下の屋外に穀類袋が放置されると、日光による光や熱、乾燥の影響で、害虫は袋の隙間や袋の内部に逃げ込むのは自然の摂理である。

原料を供給する穀類販売会社の状況を見てから、食品製造会社の原料穀類搬入施設を調べると、原料穀類内部に潜んだり、包材に付着して工場内に持ち込まれた害虫が多数生息しているのが確認

写真47　施設内の踏査で発見された虫体の含まれた穀粉や異物。机の上に載せきれないほど多くの「宝」が集められた。

された。

また、事前のガス燻蒸処理によって、完全に害虫は駆除されていると誤信していた原料搬入施設担当者は、製造環境整備意識も低く、ゴミ溜めのような、穀粒や穀粉が散乱した場所で作業をしていた。

さらに、他の製造工程内においても、目立つ場所は清浄であるものの、細かい部分には残滓や異物事故原因になる鉱物（石やコンクリート片）や金属片などが多く見られた。問題となる状態を指摘して、ここで「キレ」てしまい、叱っては、「微笑み」の国の人達に受け入れてもらえないと考え、品質管理チームにお願いして、工程内で危機要因となる物質や事項を、自ら捜索し、危害内容を分析する、いわゆる「宝探し」によって集めるように要請した。

「宝探し」開始時には、会議室の大きなテーブルに載せ切れないほど大量の金属片・コンクリート片・プラスチック片・虫の死骸などが集められた（写真47）。それが訪問を重ねる毎に少なくなり、施設内を踏査しても、目立った汚染を見かけなくなるまでには数年を要したが、「宝探し」と「宝を落とさない」技術が定着し、現在では、訪問時とは別の施設ではないかと感じられるほど、製造工程内の「お宝」は減少した。

私と品質管理グループが、施設内を巡回している時に、休止中の製造工程で、機械のメンテナンスをしている若い工務担当者と目が合った。彼は、タイ人特有の「微笑み」挨拶の後に、手招きをする。何かと思って、呼ばれた方に向かうと、前回の会議で、製造工程内で工事をする際には、金属部品落下防止用に、修理する機械周辺にシートを配置し、小さなビスやナットを落とさない配慮をするようにと強く要請したことを適正に守り、修理機械の周りにビニールシートを配置して作業をしている状況を見せたかったものと判った。そこで、個別に調査していた品質管理グループを呼んで、迅速、的確にルールを守った工務担当者の行動を賞賛した。工務担当者は、最高の「微笑み」を返していた。

このように、指示された事を理解して、自発的に安全最優先の思考で行動を起こすようになると、施設内の衛生改善作業は、急速に進歩する。注意して見ていると、他の工程の人達も、巡回中に改善された場所を示し、私が「親指」を立てて「グッド！」のサインをすると目を輝かせ、次回には一層の衛生的な改善を実施している事になる。このように、何をすれば良いのかを理解したタイ人は強い。他の国の労働者と異なり、自発的に善行を積む仏教的な精神の影響か、加速度的な改

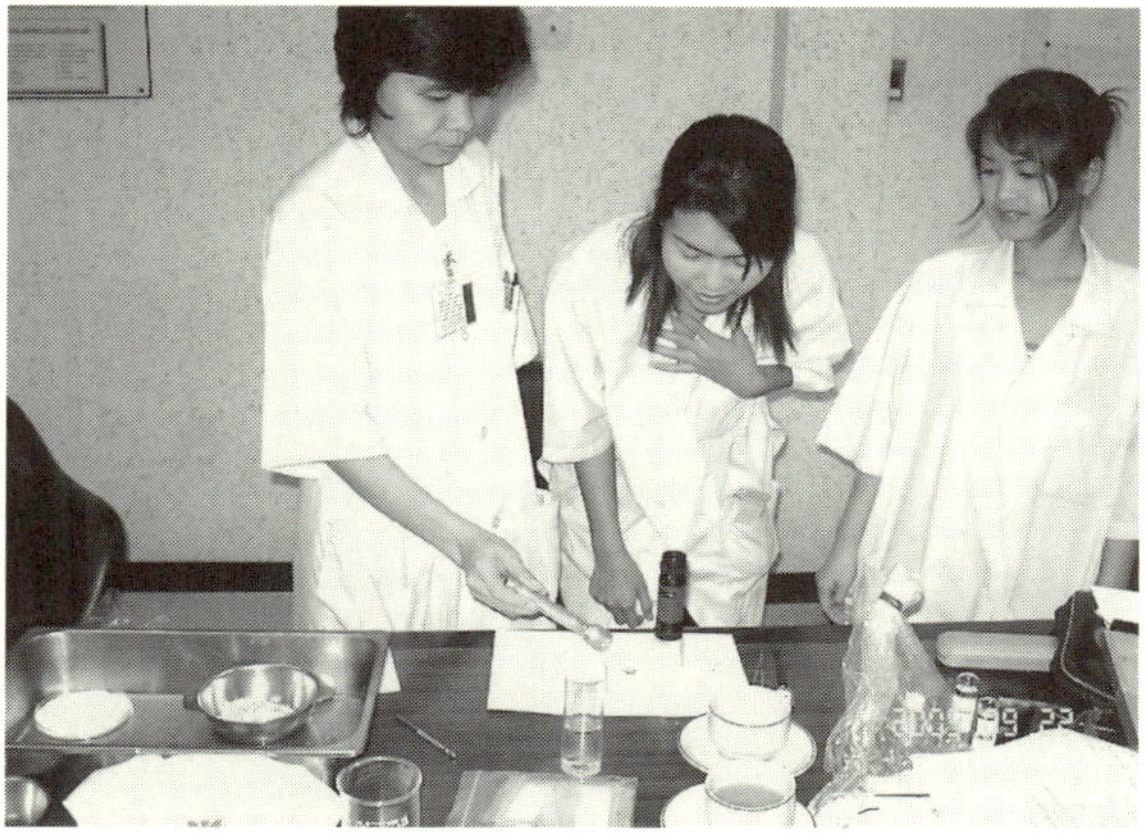

写真48　穀粉の中より発見された各種の貯穀害虫を簡易顕微鏡で確認して、驚くタイ人品質管理スタッフ。この業務で、残滓が危険な事を認識して、その後施設内の防虫上の衛生状況が大幅に改善された。

善が認められるようになった。これが、タイ人の特徴であると思われる（写真48）。

農作物を扱う施設では、イタリアやトルコで確認したものと類似して、農作物内部に穿孔侵入した昆虫類による虫体異物混入事故が問題となっていた。タイで確認した農作物栽培地帯は、日本向けの特殊な品種を地域限定で栽培していた関係で、イタリアのような大規模農法ではなく、日本の本州で見られるような小規模、もしくは中規模の栽培形態であった（写真49）。散水方式も、点滴灌水ではなく、河川から汲み上げた水を、必要に応じて高圧ポンプで散水するか、スコールに任せている状態であった。栽培に関して、人為的な作業や仕組みが少なく、自然農法的な栽培方式であり、農地周辺には、バランスの良い生態系が認められた。すなわち、農作物を食

写真49　日本の地方農村に似たタイ北部の加工用野菜農場。アメリカやヨーロッパのような大規模農業とは異なり、人の手によって大切に栽培されている。

害する昆虫類とこれを食料とする天敵昆虫が生息し、害虫だけが特異的に発生するのを制御していた。

商品は全て日本へ輸出されることから、製造施設や従業員訓練方法も完全に日本式であり、建物、制服も清潔な感じを受けた。しかし、一見、外観は日本と同様に感じるが、注意して製造環境を見ると、床材料の剥離、壁の亀裂、施設の隅にローチスポット（ゴキブリの糞、ゴキブリ類生息の指標）、ヤモリの糞、フライスポット（ハエ類の糞、ハエ類飛来侵入の指標）などが多数確認された。

工場の幹部に詳しい話を聞いたところ、この製造施設は、日本の建設会社による設計で、衛生を配慮した動線や衛生管理器材の配置、建物構造を持っているとの事である。さらに防虫に関しても、搬出入構造、従業員出入口の害虫侵

写真50　タイ南部の食品製造工場建設地。整地が完了して、一見、原野のような場所だが、周辺環境下には多くの種類の昆虫類が生息し、施設が完成して数年が経過すれば、自然（昆虫類）が復活して、新築の施設に大きな問題を起こすことになる。事前に潜在環境に生息する生物相を確認して、施設に、これに対応した防虫機能を持たせる事が重要。

入防止器材や外灯を含め、灯火の配置や内容には、充分な配慮をしてあるとの事であった。

それでは、なぜ害虫類の生活痕が多く認められるのであろうか。

答えは簡単で、日本とタイ国では、環境が異なるためである。すなわち、温度差や湿度の変異により、室内で発生する害虫、屋外より侵入する害虫が地域によって異なることと、設計は同じようなものであっても、実際に施工する際の現地人建築現場技術者の技能や、現地で調達する建材に大きな差があるために、一見して綺麗で清潔そうな建物であっても、昆虫類の発生源となるレベルの小さな隙間、すなわち昆虫類の侵入を可能にする「建付けの悪さ」からの空間などがあり、防虫管理上の視点から見ると、外見とは異なり、施設での防虫管理上の問題が多く認められた。

内部発生型のショウジョウバエ類やノミバエ類にしても、冷房の効きが弱い場所では、最適の発育温度となり、日本での常識とは大きく異なり、短期間に大量に発生する。海外に製造施設を建設する場合、防虫管理や衛生管理に係る事項については、専門技術者による建築前の周辺環境調査を実施し、地域特有の危害要因に対応した衛生設計をする事が重要であると痛感した（写真50）。また、日本で活躍する防虫管理技術者も、日本での害虫に関する経験や常識とは異なる場面も多く、まずは、現地環境下に足を踏み入れ、地域に生息する昆虫類、生物相、その他の環境情報を多角的に収集し、謙虚に「虫の声」を聴く努力をしてから、衛生設計に着手すべきかと考える。

魚肉缶詰製造施設では、ハエ類の発生と製品内混入に頭を悩ませていた。この製造施設から委託されている害虫駆除会社の技術者は、現地の大学で昆虫学を学んだ専門家であった。施設内に設置された灯火誘引式昆虫捕獲器（ライトトラップ）に誘殺されているハエ類の同定も正確に実施され、分析記録も適正に残されている。しかし、この防虫専門家の唯一の欠陥は、教科書に頼りすぎる部分にあると感じられた。タイ国では、マラリアやデング熱を媒介するカ類や、主要な貯穀害虫の研究は進んでいるが、食品工場内に飛来するハエ類を調べた文献（教科書）は少ないものと思う。従って、ハエ類防除や生態に関する情報を入手するには、外国の研究者の著作の翻訳書を活用する事になる。しかし、ハエ類の分布は地域特性が高く、外国の資料では参考にならない場合も多いのではないかと思う。

実際に、この製造施設で防虫に関する会議をしていても、日本を含む温帯地方のハエ類の生態に関する説明が多く、ハエ類の発生源となる動物死体が、屋外の高温で短時間で乾燥してしまう条件下でのハエ類発生の説明が無かった。さらに、施設内に見られる大型のクロバエ科のハエ類は、全て屋外から侵入したものであると断定して、防虫対策を講じていた。かつて日本の工場でも経験したが、動物死体（腐敗動物質）から発生するクロバエ類やニクバエ類は、動物腐敗臭に敏感に反応し、これに飛来して繁殖するが、魚肉加工施設のように、魚の血液や加工時に出る煮汁などにも強く反応して飛来する場合がある。しかし、室内で捕獲されるハエ類の一部は、排水溝の隙間、排水溝の蓋、加工室の床の亀裂など、血液や肉汁がしみ込んだ残滓の中から発生している事がある。すなわち、一見、清浄と見える施設内部から発生する場合も多い。

この施設でも、最も多くハエ類が捕獲される部屋では、灯火に誘引される性質を持つクロバエ類の成虫が、窓の網戸の内側に多数静止しているが、魚肉加工時に放出される強烈な臭気に誘引され、屋外からも建物に向かって飛来するはずである。しかし、網戸の外側部分には、ハエ類がほとんど静止していない事が確認された。

そこで、製造施設内の亀裂の入った床を剥がしてみて、壁と床、機械と床の接合部などに堆積した残滓を取り出すと、クロバエ類、ニクバエ類を中心とした数種のハエ類の幼虫を捕獲する事ができた。これによって、施設内で多く捕獲されるハエ類は、施設内部で発生するものが大半である事が判明し、施設内部での幼虫駆除処理が有効であると判断された。

タイ国で大学を卒業して、昆虫学を学んだ防虫担当者は、エリートである。当然、真面目に勉強をして、成績も良かったものと想像する。しかし、生物を相手にして現場で活動する際には、教科書を読むだけではなく、最低限の基本的な知識と「虫オタク」的な執念が必要であると考える。すなわち推理小説の探偵並みの、現場で証拠を集めて分析する洞察力、忍耐力、論理的思考能力が必要になる場合がある。これが的中して、駆除に成功した時は、至福の喜びを感じるものである。

この施設での、その後の防虫モニタリング結果を見ると、ハエ類の施設内部発生防止を中心とした管理を実施した結果、捕獲されるハエ類の数量が激減した。

【エピソード】工場長室に生息していたヤモリ

アジア地域の各製造施設やレストラン、一般の家庭に立ち入ると、建物の壁や天上にヤモリが生息しているのを目にする事が多い。ヤモリ類は、四肢の指に特殊な機能を持ち、壁面を垂直に移動する事が可能で、製造施設内でも、生産工程付近を自由に移動し、まれに商品内に落下する事がある。東南アジア地域で製造された食品を詰めたダンボール箱の中に、ヤモリの死骸が発見された事があるらしい。日本でそれが発見された時には、得体の知れない生物の混入で、会社では「ワニの子供」ではないかと大騒ぎになったとの話を聞いたことがある。また、中華圏の食品の中に、ヤモリ類が混入していた際に、中国では漢方で大型のヤモリ類を強壮薬として販売する習慣があるため、ヤモリが混入

写真51　粘着シートに捕獲されたヤモリ類。本来は屋外でゴキブリ類やシロアリ類の有翅虫などを捕食する愛嬌のある益獣だが、工程内では昆虫を追いかけ回している最中に、機械の振動により、製品内に落下する危険もあるので排除が必要になる。

した食品が珍重され、これが入っていなかったと消費者からのクレームが起きたとの話を聞いたことがあるが、真偽のほどは定かではない。各製造施設で、自由に垂直移動するヤモリ類は、製品内異物混入事故原因となる危険性の高い生物となる。

ヤモリ類は、本来、昆虫類を食料として生活するために、昆虫類が多く飛来する場所の隙間や物陰に潜んでいて、昆虫類が近くに飛来すると飛び出してこれを捕食する。実際にレストランや屋台などで、日没後のヤモリ類の行動を観察していると、見事に昆虫類を捕食する様子を見る事ができる。野外で生息していれば、害虫を駆除する益獣となるが、建物内では駆除対象となる厄介者である。

ヤモリ類の駆除には、色々な方法があるが、バンコク近郊のある製造施設では、ヤモリ類の潜伏場所や活動場所周辺に見られる糞（一見、鳥の糞のようにも見える、特徴のある糞）が落ちている場所に、粘着シート板を配置して、ヤモリ類の捕獲を実施した（**写真51**）。数か月後には、製造工程内でヤモリ類は確認されなくなり、捕獲される事も無くなった。

防虫会議の席上で、これを発表した際に、その施設の工場長が「製造工程内では見かけなくなったが、私の部屋にはまだ生息している」との発言があり、会議終了後、早速、工場長室の調査に入った。ヤモリ類は捕食性の生物であり、食料となる昆虫類が存在しないと生育できない。そこで、工場長室の書棚の中を詳しく捜索すると、シバンムシ類やコクガ類が発生している、古くなった製品サンプルが大量に出てきた。工場長室に生息するヤモリは、これを食料としていたようである。数日後、工場長室でヤモリ類が二匹捕獲され、その後、この部屋でヤモリ類が見られる事は無くなったとの事である。当然、この事例を長期間放置した食品の危険事例として、工場長を含む幹部社員向けの研修会で披露し、日常の食品管理の教訓として訓示させてもらった。

⑦ベトナムのケース

ベトナムでは、ホーチミン近郊で、新設工場の周辺環境下の「有害生物生息実態調査」と建物の衛生設計に係る業務を実施した。従って、ここでは、生産中の防虫管理ではなく、製造活動開始前に実施した事項について説明する。

日本と自然生態系が異なる地域で製造施設を建設する際に、施設稼働後に発生、侵入すると推察

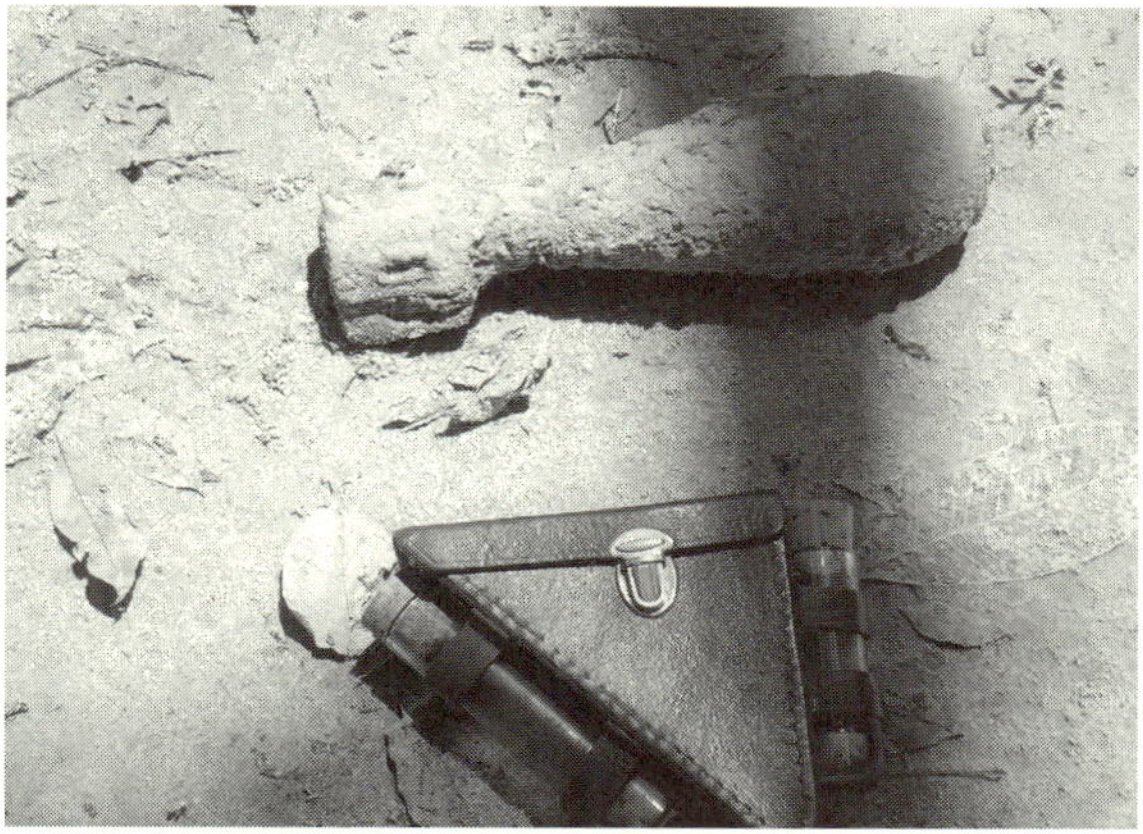

写真52　ベトナム・ホーチミン市から、1時間ほど離れた場所に建設されている製造施設の潜在環境調査で調べた林の中に落ちていた、ベトナム戦争時代の迫撃砲弾（下はサイズ比較のために置いた昆虫保管に使用する三角缶）。害虫調査も命がけ？　現地の人は、廃品金属として喜んで集めているとも聞いた。

される有害生物を事前に調査確認しておいて、これらの加害を未然に防ぐ構造の建物設計や防虫器材の配置を的確に実施すると、施設の防虫管理精度が著しく向上する。そこで、開発段階のベトナムの工業団地内で、有害生物の活動実態を調査した。ベトナムはかつて、戦争で大量の兵器が使用された地域であり、工業団地の用地は、地下五メートル付近まで不発弾処理が実施されているとの事であったが、自然界に生息する昆虫類の実態を調べるには、整地された工業団地内だけではなく、ここと隣接した自然林が繁茂する未使用地の自然情報を得る必要がある（**写真52**）。

一般に熱帯地域の森林内は、日本よ

りも昆虫類が多数生息していると感じる人が多いと思うが、実際には、日本の梅雨期の山林内で活動する昆虫類よりも種類が少ないと考えられる。昆虫類は、外骨格の生物であり、体が外皮で覆われて、丈夫そうに思えるが、実際に自然界に多い小さく、弱々しい感じのするユスリカ類やカゲロウ類のような種類は、外皮も薄く、直射日光の照射による体の乾燥には非常に弱い。大型のカブトムシ類やセミ類のように、固い外皮を持つ昆虫類は熱帯でも多く見られるが、熱帯の森林内でも特殊な事情が無い限りは、日本の森林よりも昆虫類の活動が少なく感じられる事が多い。

しかし、一方、特定の種において生活環境が適している場合は、爆発的に大量の個体が出現するのも、熱帯での昆虫類活動の特徴である。雨が降りやんだ日没時には、近くで呼吸をするのも困難な程の大量のシロアリ類の有翅虫、樹木の幹が見えなくなるほど群棲するゴミムシダマシ類、芝草から帯状に出現するカメムシ類など、条件が整った場合に、常人であればパニックを起こすほど大量の昆虫に出会う事になる（**写真53**）。

ベトナムの屋外の調査時にも、このような体験をした。虫が嫌いな人には申しわけないが、「空飛ぶゴキブリの襲来」である。

植物が繁茂する場所に調査用のトラップを仕掛けていると、植物上や落ち葉の中に、チャバネゴキブリに似た小型のゴキブリ類の幼虫が見られた。日本の野山に生息するモリチャバネゴキブリ（建物内で問題となるチャバネゴキブリとは別種）に似た種が存在しているのかと、それほど気に留めなかった。しかし、これが夜になると様子が一変した。建設中の工事現場の照明や外灯に、昼

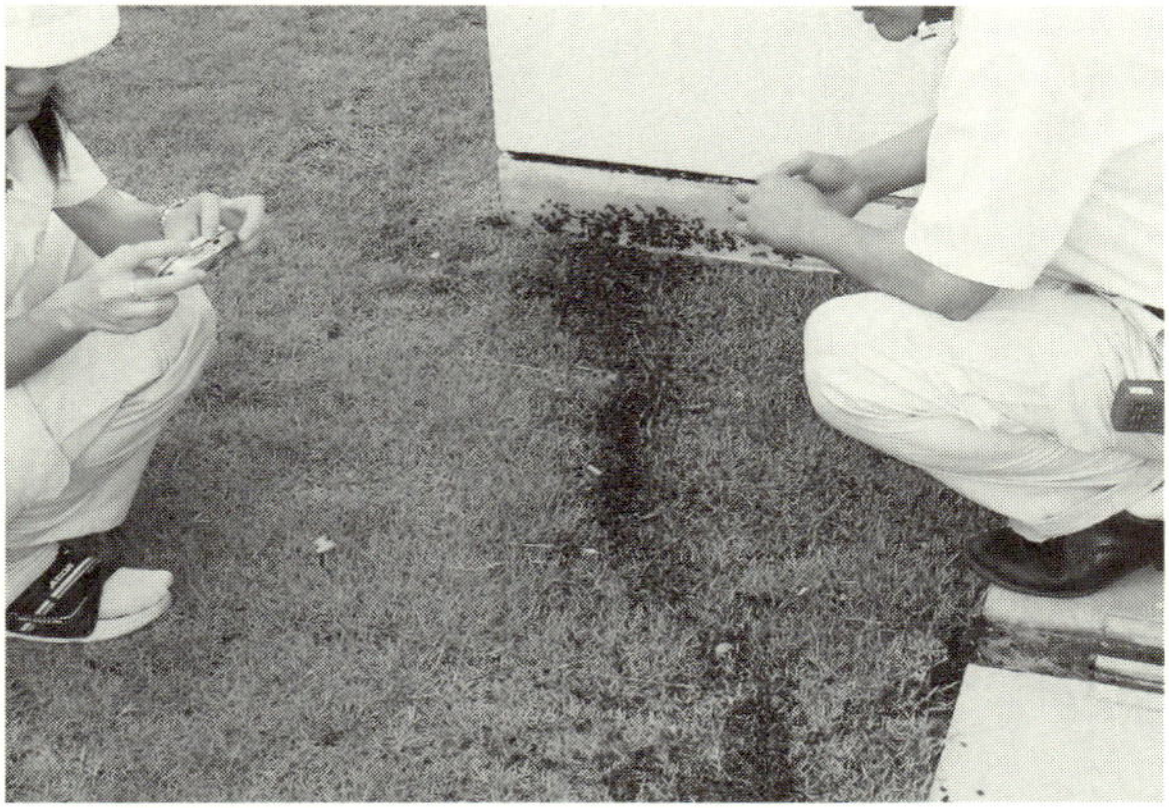

写真53　施設完成直後の緑化帯に出現した「黒い帯」（上写真）。正体は大量に発生したツチカメムシ類（下写真）であった。これは、芝草内に群棲している状況で、新設工場の緑化帯用に芝草が持ち込まれ、一定期間が経過して、成虫になったものが出現したものと判断される。熱帯アジアでは条件が整った場合に、一部の昆虫類が爆発的に大量出現する事があるので注意を要する。

写真54　ベトナムで捕獲された「空飛ぶゴキブリ」2種。沖縄県在住のゴキブリ専門家に聞いたところ、上はオキナワチャバネゴキブリに、下はウスヒラタゴキブリに似ているとの説明を受けた。これらが施設周辺の藪の中に大量に生息し、日没近くなると、ハエ類のように大挙して飛翔していた。これらは衛生害虫のチャバネゴキブリとは別の種類であるが、製品に混入した場合は、製造会社は重大な被害を受ける事になる。

間見かけたゴキブリ類が大量に飛来している（**写真54**）。それも日本に生息するモリチャバネゴキブリやチャバネゴキブリのように、滑空するのではなく、ガ類や羽アリ類のように、光源に向かってブンブン飛んで集まって来る。建設途中の建物の中に入ると、一階だけではなく、二階、三階はもちろん、屋上にまでゴキブリ類が飛来している。翌朝、工場建設中の緑化帯や外壁を調べると、物陰に大量のゴキブリ類が潜んでいた。

以前、ベトナム戦争時代に、沖縄に駐留していた米軍の資材に沖縄のゴキブリが潜り込み、アメリカに持ち込まれ、フロリダやアメ

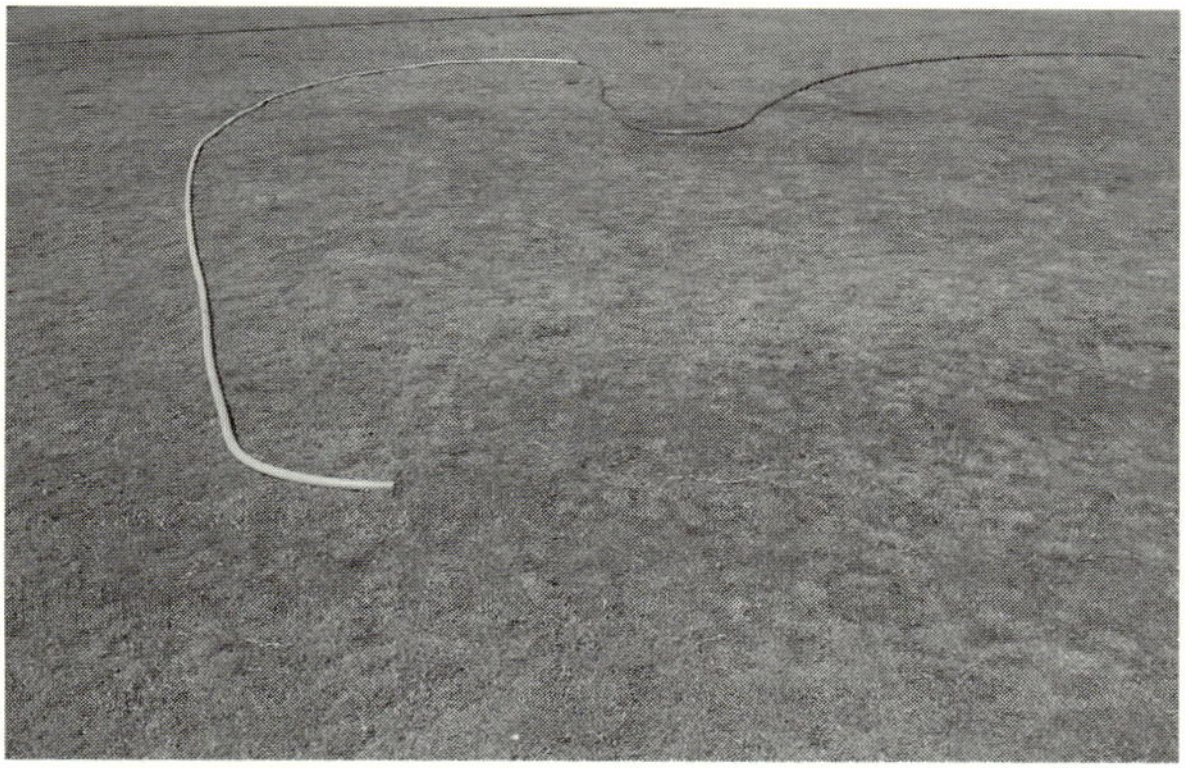

写真55　工場緑化帯の芝生用に水が撒かれ、芝草の中に水溜りが出来ている。高温と排水機能により、降雨が去ってから、緑化帯以外の工業用地未開発地は乾燥して砂漠のようになっていた。緑化帯の芝生や植物に頻繁に散布される水が、周辺環境に生息し、飛翔移動能力が高いゴキブリ類を定着させていると推察された。

リカ南部の地域の屋外でパーティをしていると、何処からともなく小さなゴキブリが現れて、主菜のステーキに群がり、挙句の果てに、人にも噛みつくというような、ホラーまがいの話があった。

ベトナムの林の中や新設施設の周辺を見ていると、米軍がベトナムから沖縄経由で「空飛ぶゴキブリ」を持ち込んだのではないかと疑ってしまう。これの探究は、ゴキブリの研究者にまかせる事にして、こちらは、ゴキブリ類による虫体異物混入事故防止に努めなければならない。周辺の藪の中には、ゴキブリ類の幼虫や成虫が普通に見られるが、施設の植栽の中や建物内部には、極端に多く見かけられる。この原因は何であるのか、考えを巡らせてみた。原点に戻って、化石のゴキブリを思い浮かべ、ゴキブリが地球上に出現した古生代の高温多湿の世界をイメージして、ベトナムの施設周辺を考えてみた。

高温の条件は満たされている。実験用にゴキブリを飼育する際にも、雑食性であることから、食料には気を使わなくてもよかった。問題は水分である。飼育中のゴキブリの水を切らせてしまうと、死滅はしないまでも、脱皮ができなくなり生育が遅れる。調査時のベトナムでは、毎日大量の雨が降り、水には不自由していないと思われる。そんな事を考えながら、施設の緑化帯を歩いていると、植栽用の散水によって豊富な水が散布されている植物の根本にゴキブリ類が多数見られた（**写真55**）。ゴキブリ類以外にも、ヤスデ類、クモ類、アリ類など多くの生物の生息が認められた。森林が伐採され整地された工業団地内で、施設がほぼ完成し、緑化帯の植物も揃った場所は、周辺環境下に残存していた昆虫類にとって、オアシスのようなものであると判断された。

開発中である工業団地内の未使用地には、整地後に灌木や草が繁茂していた。これに周辺の農家の人達が、格好の家畜の「えさ場」として牛を持ち込んでいた（**写真56**）。

草を食べた牛が糞を落とすと、短時間に大量のハエ類が飛来した（**写真57**）。条件が整えば、この糞から再び大量のハエ類が発生する事になる。元々、近隣に住んで牧畜をしてきた農家の人を未使用地から追い出す訳にもいかず、新設施設に、ハエ類が侵入しにくい構造の出入口設計・侵入防止器材・侵入したハエ類を速やかに駆除する技法を提案した。

いずれにしても、生物のパワーである自然の復元力には神秘的なものを感じる。なお、ここで見

写真56　施設建設地横の未使用地に、地元の農家の人が牛を持ち込み、あたかも牧場のような風景。

写真57　草を食べた後に牛は糞をする。糞の臭いを感知して一瞬のうちに大量のハエ類が飛来した。これらのハエ類の一部は、製造施設の緑化帯樹木上に休止し、その後、施設内に侵入する事になる。未使用地が少なくなれば放牧も少なくなると思われるが、しばらくはハエ類の侵入に対しての注意が必要。

つかったゴキブリ類の大半は、家の中に入り込み、伝染病を媒介する衛生害虫として忌み嫌われる種ではなく、生態系の一員として生活している、いわゆる「野ゴキ」である。

⑧インドネシアのケース

インドネシアは数十年前、害虫防除の関係で最初に訪問した国であり、熱帯地域の昆虫類の動向も知らないまま、夢中になって昆虫類の状況を調べた地域でもある。最初の渡航であり、準備も大変であったが、最も注意したのは、伝染病に罹ることの防止であった。自らの健康も重要であるが、衛生指導的な立場で食品や医薬品製造施設に立ち入る者が、伝染病流行地に入り、不用意に伝染病菌を保有して取引先を訪問し、これを伝播しては、多大な迷惑をかけるだけでなく、マスコミの恰好の餌食になりかねない。従って、インドネシア入国に際しては、知人の熱帯病専門家の指導を受けて、マラリア予防薬、熱発性食中毒予防薬など、薬漬けの状態で活動した。今日でも、海外で業務をする際には、食事に細心の注意を配り、原則として、果物以外で、充分に加熱調理されていない物は食べないようにしている。また、帰国後、一〇日間は取引先の製造施設訪問や講演会実施は控えるようにしている。

そこで、困るのは駐在員や日本通の現地従業員が主催してくれる歓迎会である。駐在員や現地従業員は日本食を食べるチャンスであり、海外では高価な刺身が並ぶ。刺身を勧められ、食べたい気持ちはあるが、丁重にお断りする。食品や医療に関係する人も同様であろうが、「ノロウイルス」

てしまう。


の原因とされる二枚貝や食中毒原因となった食材が報道される度に、危険食品が食べられなくなってしまう。

インドネシアでの最初の業務は、国際協力事業で日本から派遣されていた農業専門家と同行していたが、長年、同地で生活した経験のある彼が案内するレストランは、地元生活者の強みであるのか、疫学的にかなり危険な施設で、そこで危険な食品を食べた記憶がある。

実際には、インドネシアの人々は清潔好きで、トイレの始末は、トイレットペーパーを用いないで、手と水によって処理をする。熱帯で、バイ菌が多いなどのイメージがあるが、人々は暇さえあれば沐浴をして体を清潔に保っている。旅行者が日本と同様と考えがちな、安全やインフラ、各種の規則の違いにこそ注意が必要かと考える。都市部では、夜間フラフラ外出していると、追剥《おいはぎ》に合う確率は高いし、路上では子供達に囲まれて、金品や商品の購入をせがまれる事も多い。超高級ホテル以外では、シャワーから鉄錆を含んだ水が出るし、冷房がうまく機能しないこともある。また、道路は「歩行者優先」ではなく、車優先と考えるべきである。

このような街中での文化の相違を感じた後に、製造施設の中で業務に着手すると、さらに驚かされる事が多い。日常的な事では、会議の最中に、一定の時間になるとイスラム教のメンバーは、礼拝のために席を立ってしまう。インドネシア人は奥ゆかしく、大きな顔をして礼拝のために席を立つのではなく、議論の邪魔にならないように、静かに一人一人席を立つ行為に彼らの気持ちが見えてくる。

調査のために生産工程の中に入っても、通常であれば、仕入れ先の人間が、製品内への害虫混入事故の状況を調査に来たとの事であれば、徹底的に害虫の発生箇所や製造工程内の汚れた場所を隠したくなるものだが、インドネシアで調べた施設では、現場従業員に「害虫を調べに来た、どこに虫はいるの？」と質問すると、熱心に、「ここと、ここに害虫が生息しています」と案内してくれる。

また、搬送装置（ベルトコンベアー）の不具合から、半製品が剥き出しの状態で大量に工場の床面に落下していた。会社の幹部は「このように、一旦、正規の工程を離れた食品は全て廃棄する」と説明していたが、現場の従業員に聞くと「これは毎度の事で、こぼれた材料は、夕方回収して、明日再度、搬送装置に投入する」との事である。半製品が毎回落ちている床周辺を見ると、日本に持ち込まれて、虫体異物混入事故原因となった虫が、うごめいている。恐らく、半加工段階で落下し、床から回収される際に、長時間床の上に放置され、害虫が産卵したり、直接虫が紛れ込んだ状態で、包装機の中に入って、日本の家庭まで虫が持ち込まれたものと推察された。

この会社でも、防虫担当者は、インドネシアの難関の大学を卒業した専門家で、昆虫類に関する知識や防除薬剤に関する知識も豊富であった。しかし、アジアのインテリに多い研究室の人であり、研究室内での害虫の飼育や化学物質による駆除技法などの論文作成には熱心であるが、自分が管理すべき製造施設の害虫実態については、無関心であると感じられた。

ここでも、エリートと一般社員の格差が感じられ、これが製造品の品質維持に大きな影響を及ぼしていると思われた。

【エピソード】メイド付の生活から日本の普通の主婦に

発展途上国であるインドネシアでは、物価や人件費が、日本の生活から見ると大きく異なる。銀行で日本円をインドネシア通貨に両替すると、大量の紙幣が戻されるのに驚かされる。インドネシア製の物は驚くほど安く、大金持ちになった気分を味わう事ができる。ジャカルタに長年家族と駐在していた友人に聞いた話であるが、若い時から、セキュリティーの厳しい高級住宅街に、メイド数人と運転手付の生活を送る事ができたとの事である。インドネシアでは、日系の企業に勤める若いインドネシア人であっても、自宅ではメイド付の生活をしているとの話である。

亭主は、外で日本と同じような仕事をしているが、問題は主婦である。近所の奥様たちと一緒に超セレブ的な生活に浸ってしまった後に、亭主の異動で帰国して日本の生活に入ると、家事や育児の手助けが無くなり、全て自分で家の仕事、家計のやりくりなどをしなければならず、日本では普通にこなしていた仕事が苦痛になるという。また、最低、月に一回程度は、高級なレストランで食事をしたいと、亭主に要求するようなこともあるとの事である。私の友人の場合は、インドネシアのセレブ生活に染まった奥方に、標準的な日本の主婦に戻ってもらうまでに長時間費やしたとの事であった。

⑨シンガポールのケース

シンガポール人は中華圏の人が占める割合が高いが、海運交通の要所であることや英国に支配さ

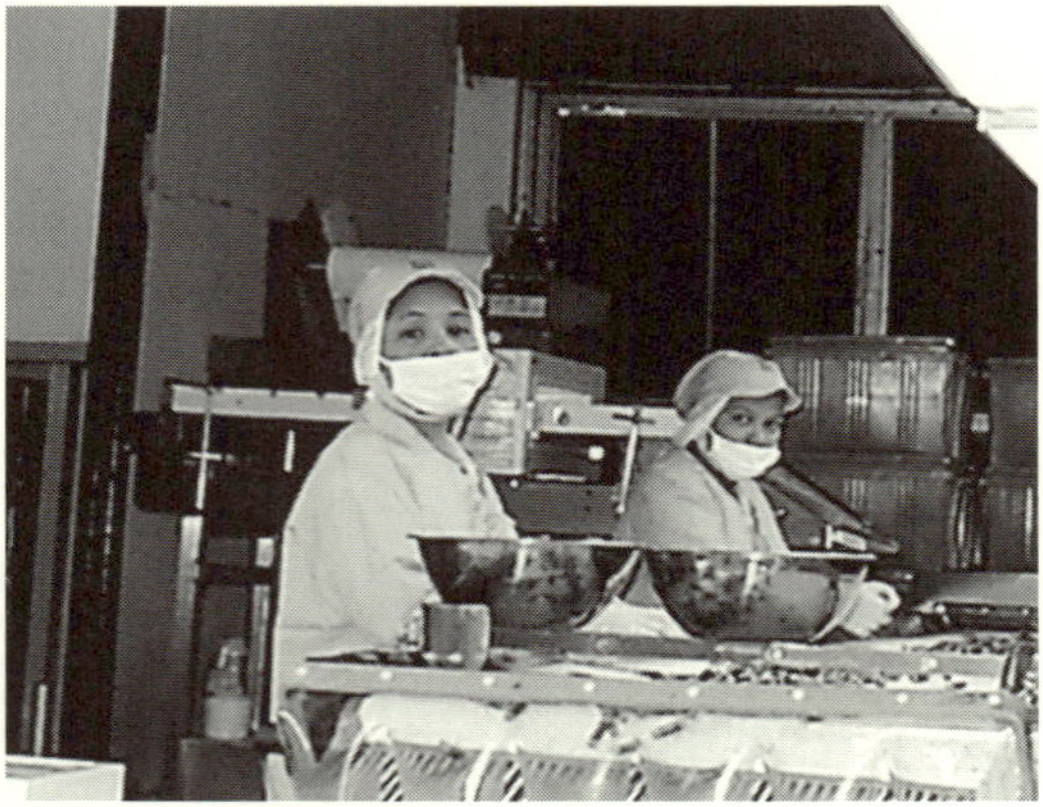

写真58　暑い国では、息苦しいマスクの着用が嫌われる。マスクを着用する理由を説明すると、しばらくは正しく着用してもらえるが、従業員の入退職の激しい会社では、正しい着用が維持されにくい。また、従業員の規則を守る訓練、衛生順守の精神が目に見える形でわかるので、施設従業員の衛生訓練完成度の指標としても、正しいマスク着用順守は重要。

れていた歴史などから、多民族の国家を形成している。人種によって労働内容の得意分野があるようで、私が関係した食品製造施設の従業員の大半は中華系の人（マレーシアチャイニーズも含めて）で占められていた。先に中国のケースでも説明したが、中国系の人には、自由人で基本的な社会マナーを順守しない人も多い。そこで、シンガポール政府では、徹底した罰則主義で、街中からゴミのポイ捨てを減らし、路面を汚すチューインガムを味わう権利までも規制した。公園都市といわれるシンガポールの美しい街並は、このような規制の上に成立している。このような国民生活の環境下で、衛生性を順守すべき食品製造現場での状態を見ると、工場で設定した規則は、大した抵抗もなく順守する。しかし、規則化されていない部分については、常識的には衛生最優先の事項であっても、平然と問題を無視する場合がある。

ある食品製造施設では、作業中マスクの着用が義務付けられている。調査で製造工程内を歩いた際に、作業中の従業員の中に、マスクをアゴに装着している人や鼻を剥き出しにしている人が目立った（**写真58**）。本来、食品製造現場でマスクを装着する目的は、口腔内からの飛沫防止と鼻腔内に生息する黄色ブドウ球菌の食品への落下汚染を防止するために着用される。従って、マスクをアゴにかけた状態、鼻を露出した装着方法は衛生管理上問題である。

これを指摘して、是正をお願いして、その後製造工程内の状態を確認した。施設内の各所の壁には、正しいマスク装着を促すポスターが張られ、従業員も全員マスクを装着していた。

しかし、従業員の中に、品質管理担当者の姿を見かけると、素早く「鼻出しマスク」を直す人が目立った。海外での業務では、会社の規則としてマスクの着用を義務付けているものの、従業員教育の不徹底で、マスクを着用しないで製造工程内で活動する人を見かける事が多い。これは、衛生管理者側の訓練の問題であるが、シンガポールの製造工程内で見たような、指示を出した人の姿を見たらマスクを正すというのは、従業員側の気質の問題である。

このような製造現場で直接食品と接触する人の規則軽視の行動は、大きな事故を誘発する要因となり、はなはだ危険である。一見、文化的で労働者の教養が高いと思われる地域であっても、衛生に係る規則を順守して頂くには難しいものがあると痛感する。

シンガポールの自然は、人工的な公園が多い関係で、屋外で環境調査を実施しても生物相は貧弱であると判断される。しかし、熱帯特有のアリ類は活発に活動している。建物内にも各種のアリ類が見られる。また、近年流行したデング熱の予防のため、街中の植栽部分で殺虫剤の散布が実施されている影響か、自然界に生息するはずの昆虫類の活動は少ない。反面、人工的環境に適応した小型のハエ類、ゴキブリ類などが多いのは皮肉なものである。

【エピソード】車両荒しと善意のタクシードライバー

シンガポールは安全な国である。その安全な国で、車両荒らしに遭い、私と助手の財布の中から、現金だけが消失していた。業務を手配してくれたシンガポール人も警察でも、「シンガポールは安全な国」を繰り返し、犯人は恐らく外国人ではないかと説明する。ある時、ホテルで乗ったタクシーの中に、ポーチを置き忘れた事がある。用事を済ませてホテルに戻ったら、先に乗ったタクシーの運転手が、私の忘れ物のポーチをホテルのフロントに届けてくれていた。どこの国にも、悪党と善人が混在しているものだと痛感させられた。

六　海外に駐在する人への心得と助言

海外の製造施設で防虫コンサルタント業務を実施するのは、設備運営や生産活動とは直接的に関係が無いので、駐在員の人達と比べれば、海外での滞在期間が短い。

しかし、私の業務内容は、地域周辺環境の生物相調査、施設内全域に生息する昆虫類の調査、施設内各所の衛生設備の状況や、従業員の衛生技量確認など、広範囲の項目の情報を収集する活動を遂行する事になる。この中には、毎日施設内で勤務している駐在員や従業員であっても知り得えない情報も多く含まれる。

短期間の滞在ではあるが、仕事の性格上、問題が発生した施設、問題が予見される施設、高度な管理が要求される多数の世界中の製造施設の実態を観察してくることができる。この章で紹介する内容は、駐在員の方には物足りない部分や、異なる経験をした人達もいるかと思うが、業務を通じて知り合った海外駐在員との事例である。

海外に駐在する人は、概ね商社型・経営型・販売促進型・製造技術型の業務を得意とする能力を持つ人で構成されている。日本国内の企業であっても同様の分業形態で業務が遂行されているが、海外では各社ともに、配置される人員が少なく、特殊環境下で、公私を通じて、駐在員どうし親密

な関係が生まれ、各々の専門知識で互いに補いながら協力しての生活となる。幸いにして、気の合う人達と知り合う事ができれば、大企業間であっても、一生涯の友人として帰国後も親密な付き合いをされている人が多い。

しかし、過酷な日常業務や現地の生活習慣への適応、駐在員間の人間関係などに障害があると、優秀で仕事が出来る人であっても、相当のストレスの中で仕事を遂行する事になる。日本では優秀で有能だった人が、帰国後に復帰しても、海外での実務体験を活用できない場合も多い。

商社や外資系の企業に入社し、海外勤務をある程度覚悟して就職した人と異なり、製造企業に入社したものの、会社の海外進出方針により、駐在員を任命された人の中には、苦労して海外勤務を遂行する事になる人もいる。

衛生管理状況調査の最後の業務として、製造施設の問題箇所を関係者と確認して、問題を共有するために製造工程内を歩いていた。しばらく歩いて、周りを見ると日本人スタッフだけで、現地人スタッフは、我々の遙か後ろをゆっくりと歩いてくる。これを見た若い日本人の駐在員が「見てください、ここの連中は歩くのまで遅いのですよ！」と愚痴をこぼした。確かに海外での業務においては、日本では簡単に意思疎通ができて、素早く問題が解決する事であっても、遅々として進まないことが多々ある。私も海外での業務を体験した当初は、イラついて、無駄に神経をすり減らしたものであった。

最初に、中国の地方都市で防虫調査業務を実施した際には、ピットフォールトラップ（地面に落とし穴を掘って、歩行移動する昆虫を捕獲するトラップ）設置用の、園芸栽培に使用する「移植ごて（小型スコップ）」のような道具が必要になった。これは、他の国へ持ち込む際に凶器と間違えられ、空港で没収された経験があったので、現地調達する事とした。「移植ごて」のイメージを紙に書いて、街中にこれを探しに行った。しかし、何軒の店を回っても、「移植ごて」の代用品は見つからなかった。当時は知らなかったが、この時の運転手と通訳の「面子」も関係したのか、結局、日本では金物屋や雑貨屋で簡単に入手できる「移植ごて」を求めて、街の中を一日中探し回った事がある。

イタリアでも、捕獲した昆虫を標本にするためのアルコールを薬局で探したが、この国では、薬用アルコールに誤飲防止のために「赤い色」をつけている。これをそのまま使用すれば大切な昆虫標本が赤く染まってしまう。仕方がないので、「イタリアの焼酎」であるグラッパ（アルコール度数四〇度ほどの強い酒）の透明なものを買って、帰国するまで、捕獲した昆虫を応急的に浸漬して、日本に持ち帰ってから普通のアルコールに置換した経験がある。海外では、日本では当たり前に手に入るものが入手困難である場合がある。材料や道具はもとより、人の動き方まで、日本でのように思惑どおりには進まない事が多い。

海外では当たり前に起こる、このような障害に接してストレスを感じる人は、駐在には向かないと考える。耐えられなくなりそうな部下を見つけたら、上司は精神的な援助を行うべきであり、症状が重い場合には、帰国を考えてあげるべきではないかと思う。海外体験が観光旅行だけで、このような海外での業務上の苦労や問題実態を知らない人は、仕事で海外に住むことができて羨ましいと安易に考えるが、駐在している本人は大変な苦労をしている場合もある。

一方、海外に駐在している人の中には、その国や現地人の職場の仲間と打ち解けて、この人は本当に日本から派遣された人かと思われる駐在員もいる。

このような人達には、幾つかの特徴がある。まず、積極的に現地の言葉で会話をする意識のある人が、海外業務に溶け込みやすい。私の業務でも、必要に応じて、調査助手を同行して海外で仕事をするが、助手の中でも、現地の人間と全くコミュニケーションを取らないタイプの人間がいる。国内の仕事では、優秀な大学を卒業し、英文の専門書を読んでいる者が、海外では寡黙になってしまう。挙句の果てに、私が英語での会議を終了した後に、「先程の会議で、あの英語表現は間違っています」とか「Rの発音が不完全です」などと、ダメ出しをする。日本人のインテリの中には、人の英会話を聞いて「ほう、この人間の語学力はこの程度か」と心の中で思っている人種がいる。このような者は、将来海外で働くと自滅するタイプである。

海外での語学は、基礎文法や単語を少しだけ覚えて、後は長い時間をかけて、生活の中で必要な表現を少しずつ学べばよいと思う。間違いを恐れずに、積極的に現地の言語で会話する習慣を持つべきと考える。海外の駐在で活躍する人の中には、驚くべき速さで現地の言葉を習得する人がいるが、このような人は、海外赴任のストレスも少ないものと思う。最低限、現地の言葉での挨拶、自己紹介は、出発前にマスターしておくべきである。

我々が日本に居て、外国人の行動を見る時も同じだと思うが、赴任当初は、興味を持って人柄、行動を現地の人々に観察される事になる。中国の大型食品製造施設で仕事をしていた時、会社の食堂で昼食をとっていた。その日のデザートとして、梨が一個付いていた。ナイフが無かったので、スプーンで梨の皮を取ろうとした瞬間に、周りのテーブルから、複数の中国人従業員がピーラー（皮むき道具）を持ってきてくれる。私は、普通に食事をしていたつもりだが、新参の外国人が、社員食堂の食事をどのようにするのか、周りのテーブルの人達も注視していたのかと思う。どこの国でも、現地での食事の食べ方を間違えると、親切に世話を焼いてくれる。ビビンバを徹底的にかき回してくれる韓国のオバサンや、パスタの皿に残ったソースをパンに付けて、皿が綺麗になるように食べて、頬に人さし指をあて、「ボーノ！」というのが満足の印だと教えてくれるイタリアのオジサンなどもいた。食事以外でも、海外で生活する日本人の行動は、注目されることになる。その日から、社員食堂での食事は、好き嫌いせずに、上品に食べるように心掛けた。

業務中、製造工程内を歩く時も、作業中の従業員は、一見、熱心に仕事をしているように見えるが、赴任した直後には、何をしに来たのか判らない外国人を警戒して注目している。私は業務中、働いている人と目が合ったら、「微笑む」ようにしている。これをすると、私の数倍の素晴らしい微笑みが返ってくる。また、作業時以外に現地従業員に会った場合は、現地の言葉で積極的に挨拶をするようにしている。これを繰り返すと、「このよそ者は敵ではない」と認識してもらえて、日本では当たり前の、仕事仲間として受け入れてくれて、その後の業務が円滑に進められるようにな

写真59　中国の工業団地内に建設された食品工場の汚水マンホールの蓋。雨（熱帯のスコールとは違い、日本の普通の雨程度）の流入によって、マンホール内が満水状態になり、蓋部分から汚水が混じった雨水が工場敷地内の路面に噴き出している。海外の施設は、外見は立派であるが、地域によって建築技術に問題があり、インフラの一部や建物の構造に大きな問題が残されることがある。

る。特に私の業務である衛生に係る事項の調査では、確認すべき内容が、企業の恥部として隠蔽されがちな事項にあっても、正直に実情を説明して、真摯に改善要求を受け入れてもらうためには、良い印象を与える事が大切であると考える。

先に、日本では「当たり前の器具が無い」事例を紹介したが、海外の施設では、当然整備されているはずのインフラの不備で泣かされることがある。中国の世界の企業が進出している工業団地の中の施設で確認した、汚水排出用のマンホール蓋から、噴水のように水が噴き出している状態を見た（**写真59**）。しかも、汚水が噴出している場所は、自転車置き場の前で、従業員の工場内への通勤路である。熱帯アジア地域のように、特別な大雨でもないのに溢れているので、技術者に確認したところ、雨水排水設備と汚水排水管が交わっているのではないかとの話である。また、他の人の説明によると、工業団地全体の汚水を管理する施設の処理容量が予定量よりも多くなったために、施設内に流れ込む汚水の量をバルブのネジを閉めて調整しているのではないかとのことであった。

いずれにしても、汚水が噴き出している道路付近は、長年汚水が路上に流出していることから、汚泥が付着していた。ここを歩いて、細菌を飛沫によって付着させて製造工程内に入る従業員は、疫学上危険極まりない。海外の施設では、日本では想像できない、このような事態に直面させられることも多い。

七　海外駐在を楽しむ精神力と苦労の伝承を

駐在員として実務をしていると、ホームシック以外の多くの障害に突き当たることが、日本での仕事と比較して多くなる。このような現実に立ち向かいながら、日本の企業の期待に応える重大な任務が駐在員にはある。

海外での業務には、これに適した性格の人と不向きな性格の人がいると感じる。現地の人達と足並みを揃えて仕事をする海外駐在員は、協調性が高く、苦難にあってもストレスを溜めないで、「逆境に微笑む」精神力を持つ人が適している。どちらかといえば、呑気な人が現地従業員と上手に付き合って、良い成果を出しているようである。

反対に不適であると感じられる人は、「親分肌」の人で、現地の人と馴染めない場合には、力が弱くなる。体育会系で、根性論を基に、皆とスクラムを組んでバリバリ仕事を進めるタイプの人も、人望が得られない場合は、仕事や指示事項が「空回り」して自爆することが多い。さらに、「人類皆兄弟」とやたらに節操なく、現地の人に分け隔てなく好意を示す人も、階級意識の強い国では軽く見られてしまい、労務管理業務・指示遂行に支障をきたす事も多い。

また、業務上の問題が起きて、徹底的に当事者の責任を追及しても、露骨に反発される場合もあ

る。常に、現地の人達に注目される宿命の駐在員は、ミスや怠慢は許されない。このように、日本国内で業務を遂行するのと違い、国民性や習慣の異なる海外での勤務は、日常の業務遂行以外の部分でも神経をすり減らす事が多くなる。

また、一緒に駐在する日本人同士、気が合わない場合は、閉鎖的な日本人間の付き合いの中で、致命的な人間関係の破綻を生じる例も多い。このような状態での海外赴任は苦痛でしかなく、良い実績を上げられないで帰国する人も多い。

逆に、余暇時の単身赴任の寂しさもあり、休日も毎回、日本人駐在員同士が顔を合わせていても、お互いに疲れてしまう。適度な距離を置いて付き合うべきである。ある駐在員は、単身赴任の寂しさから、家族と共に赴任している同僚の家に毎休日訪問し続け、お子さん達には好かれたものの、奥さんに嫌われてしまい、その後、窮屈な駐在員生活を送ったという。

最悪なのは、日本と異なりテレビも雑誌も無い場所で、休日は自室に籠り、ひたすら飲酒をして、体を壊して帰国するような場合である。また、日本人観光客の多い地域では、日本人向けの飲食店も多いが、観光客がはしゃいでいる様子を横目で見ながら、寂しく夕食を取り、宿舎へ帰りインターネットを使って、日本の様子を知るような生活をすることになる。時には、日本食が恋しくなり、大型食品販売店で、日本の価格と比較して高価な日本食を購入しても、水質が違うのか今一つ味が悪い。

シンガポールの繁華街にある、日本から来たお嬢さんが働いている日本人倶楽部で、一人で来店した日本人駐在員らしい人が、嬉々として日本人のホステスと日本語で話している光景を見たことがある。恐らく、職場では日本語で会話する機会が少なく、心置きなく日本語で会話するのを楽しんでいるようである。まさに、日の丸を背負って、責任の重い、海外での活動を担う企業戦士の姿である。

このような海外勤務の内容を、経験者は若い人に伝えるべきであり、若い人達も積極的に先輩の話に耳を傾けて、より良い海外駐在を心掛けるべきであると考える。

比較的大きな都市に駐在する場合は、日本人会や同業者間での交流組織が存在している場合が多い。積極的にこれらの会合に参加して、異郷での一期一会を楽しむべきである。

海外業務で構築した人脈により、その後の業務や人生の友として、長くお付き合いしている駐在経験者は多い。これを活用すれば、赴任後苦労が続く海外駐在も、大きな千載一遇のチャンスと思いながら、日常の業務に専念できるようになるかと考える。

【エピソード】微笑みの国タイの光と影

観光客が多い都市では、金持ちの日本人を狙った「ボッタクリ」が多くなる。「微笑みの国」タイは善良な人が多い国だと実感しているが、日本人観光客の多い地域でタクシーを拾うと、メーターよりも高額な料金を要求される事が多い。バンコク周辺に何度も遊びに来ている人に聞くと、物価の安いタイで、思いっきり贅沢をするのがタイ旅行の醍醐味だと話していた。確かに、彼と共に街を歩くと、通常よりも高額なチップを支払い、タクシー料金も釣りは受け取らない。これが、同じ町をタイに長年勤務している駐在員と歩くと、観光客とは異なった行動を取る。同じタクシーに乗って、支払いの際に高額紙幣でタクシー料金を支払ったところ、運転手は「つり銭が無い、その分はチップにしろ」と当たり前のように言った。駐在員氏は、コンビニの前に停車してもらい、高額紙幣を両替して、メーターに表示された料金を支払った。

日本円に換算すると僅かな金額の差であるが、日本人だと見ると、「金を巻き上げることが出来る」とタイ人に思わないでほしいから、悪質なタクシー運転手にはチップを渡さないようにしているとのことであった。日本人が多い繁華街でタクシーを拾うと、遠回りをする場合やお釣りを戻さない運転手が多い。

繁華街の喫茶店で、街を歩く日本人の姿を観察していると、服装や動作で遊び目的、海外出張で来た者、駐在員の違いが簡単に見分けられるようになる。大体、観光客は日本の街中では、あまり見かけないような派手な格好をしている。出張者はネクタイをして、場合によっては上着を着用している。駐在員は、ノーネクタイだが、派手では無い服装である事が多い。「旅の恥はかき捨て」の観光客とは、一線を画する、街中での日本の企業戦士のプライドが見えてくる。

おわりに

長年の害虫防除の業務を通じて、日本各地の製造施設を訪問し、虫達と対決してきた。その関係で、業務の三分の一は出張の連続であり、訪問していない都道府県は、多分島根県か鳥取県のどちらか一か所で、それ以外は全て訪問して昆虫と対決してきた。本書のテーマである海外の製造施設については、日本の企業が農作物の原産地近くでの製造と、人件費が安い地域を求めて、海外の各地に生産拠点を置くようになってから、海外の昆虫達と対決する事が多くなった。日本の昆虫類としか付き合いの無かった当初は、海外の業務には不安を感じたこともあったが、現地に入って活動してみると、地球上の昆虫は正直であり、どこの地域であっても自然の摂理に従って生きている。ダーウィンやファーブルたちのように「観察する目」を働かせると物が見えてくる。失礼ながら、人間にも生物屋特有の観察の目を使って、生態?!を分析させて頂いた。皆、個性的であり、苦労した日もあったが、施設内で活動する害虫数が減少して、改善成果が現れてくると、尊敬と信頼の感情を素直に示してくれる。幸いにして、海外での昆虫類との対決で惨敗した経験は無いが、虫に負けてしまえば、日の丸にも傷が付くことになるの

で、海外での業務成果獲得は重要となる。このような「修羅場」の中で、日夜健闘されている駐在員の皆様は、日本では経験できないような過酷な試練の下で働いている。誰の言葉であったか失念したが、若い時にこんな言葉を聞いたことがある。「日本で生活して、狭い日本が嫌になったら、広い世界へ出よう。世界へ出て、広い日本を見つけたら、もう一度日本に戻って活躍しよう」というものである。

敗戦からの日本の復興力、世界に認められる製造技術などによって、日本の技術が世界から求められている。日本の物づくりの優れた部分は多岐に及ぶが、最も重要であり、世界に認められているのは、製品の高い品質である。そして、これを利用する人々の信用を勝ち取り、日本ブランドへの信頼へとつながったものと考える。厳しい海外の環境下で、日本の物づくりの本質を伝え、諸々の苦悩を克服して海外で得た技能を、再び帰国して活用してもらいたい。私が若かった時期には、職人気質の名人が周りに沢山いて、若輩者に厳しく色々な事柄を教えてくれた。時代の流れと共に、職人たちはリタイアして活躍する場所が無くなっている。今の製造業界は、完全機械化、ロボット化が進み、職人が出る幕は少なくもなっている。これからは、職人よりも技術者が優先される時代になる。このような製造技術の進歩の中であっても、物作りの本質を意識して、国際社会の中で胸を張って活動して頂きたい。海外での苦労体験が、貴重な財産となる日が待っているのだから。

最後に、本書をまとめるに当たり、主要な方には記載の許可を頂いたが、一部は未確認のまま使用した資料もある。企業が最も隠したい施設内での害虫生息状態をテーマとしているので、お世話になった企業名は全て伏せさせて頂いたが、多大のご指導、ご協力を頂いた皆様に感謝致します。また、現在も世界各地で活躍する、親愛なる海外の同士たちにも深く感謝すると共に、今後の活躍をお祈りする次第である。

参考文献

1　W. H. Robinson : Urban Entomology, 1996, Chapman & Hall

2　古川晴雄：昆虫の事典、一九七〇年、東京堂出版

3　Roosh. Arnnett, Richard L. Jr. Jacques : Simon & Schuster's Guide to Insects

4　今野禎彦：Pharm Tech Japan、13～18巻、医薬品製造工場の防虫について、一九九八～一九九九年

5　メイ・R・ベーレンバウム、小西正泰監訳：昆虫大全 Insects and Their Impact on Human Affairs、一九九八年、白揚社

6　今野禎彦：FOODレビュー、November 5、二〇〇六年、全国発酵乳乳酸菌飲料協会　はっ酵乳、乳酸菌飲料公正取引協議会

7　今野禎彦：クレーム・トラブル製品の検査・分析と発生防止　ノウハウ集、二〇〇八年、技術情報協会

8　今野禎彦：食品製造工場における各種異物混入の防止・原因究明事例集、二〇一一年、技術情報協会

9　盛口　満：わっ、ゴキブリだ！、二〇〇五年、どうぶつ社

10 レイチェル・カーソン：生と死の妙薬、一九七二年、新潮社
11 吉田敏治、渡辺　直、尊田望之：図説　貯蔵食品の害虫、一九八九年、全国農村教育協会
12 立田栄光：昆虫の感覚、一九七七年、東京大学出版会
13 湯嶋　健：昆虫のフェロモン、一九七六年、東京大学出版会
14 井田徹治：生物多様性とは何か、二〇一〇年、岩波新書
15 福島要一：農薬も添加物のひとつ、一九八五年、芽ばえ社
16 内田洋子、S・ピエールサンテイ：トマトとイタリア人、二〇〇三年、文藝春秋
17 石黒幸雄：トマト革命、二〇〇一年、草思社
18 山本秀也：本当の中国を知っていますか?、二〇〇四年、草思社
19 宮崎正弘：中国分裂　七つの理由、二〇〇九年、阪急コミュニケーションズ
20 松延洋平：食品・農薬バイオテロへの警告、二〇〇六年、日本食糧新聞社
21 周　勍著、廖建龍訳、：中国の危ない食品、二〇〇七年、草思社
22 江　河海著、佐藤江子訳、：中国人の面子2、二〇〇四年、祥伝社
23 ニュースなるほど塾編：中国　この先、どうなる?、二〇一〇年、河出書房新社
24 沈　才彬：「今の中国」がわかる本、二〇〇七年、三笠書房
25 黒田勝弘：韓国人の歴史観、二〇〇八年、文藝春秋
26 高信太郎：おもろい韓国人、一九九九年、光文社

27　柿崎一郎：物語タイの歴史―微笑みの国の真実、二〇〇七年、中央公論新社
28　松永和紀：メディア・バイアス―あやしい健康情報とニセ科学、二〇〇七年、光文社
29　平嶋義宏、森本桂、多田内修：昆虫分類学、一九八九年、川島書店
30　素木得一：昆虫の検索、一九五六年、北隆館

【著者紹介】

今野禎彦（こんの　よしひこ）

1952年、北海道に生まれ　父の仕事の関係で転勤が多く、中学まで北海道各地（札幌・芦別・夕張・旭川他）の自然に囲まれた環境下で、昆虫を中心とした動物観察、採集や化石探しを趣味として成長する。高校時代より東京に住み、自然を求めて丹沢、高尾山、尾瀬などの山々、多摩川の河川敷などに入り、昆虫に触れる日々を送る。1974年、東京農業大学農学部農学科を卒業（専攻昆虫学）、虫と関連のある仕事を求めて、大手害虫駆除会社に入社、37年間の勤務の間、以下のような研究その他の業務を実施した。

魚肉缶詰工場に飛来するハエ類の季節消長の研究
大型製パン工場内における害虫の発生源確認と対策
乗馬クラブ吸血性害虫対策設計
乳酸飲料工場に発生したユスリカ類の対策
灯火誘引方式の昆虫捕獲装置開発研究
ハエ類の建物侵入原因の研究
全国（盛岡～鹿児島）のハエ類発生消長と飛来要素の研究
ハエ類、ゴキブリ類の誘引剤の開発研究
ハエ類捕獲装置の開発研究
大型リゾート施設有害生物管理設計
新設及び既設医薬品製造工場の防虫設計
製麺工場の水蒸気に関連して発生する昆虫類の対策
医薬品製造工場チャタテムシ類異物混入対策
医薬品製造工場の害虫検査マニュアルの作成
ホタル製造装置開発研究
芝草害虫発生予察システム開発
吸血性昆虫自動捕獲装置開発研究

また、各種製造業の新工場建設時の防虫、総合衛生設計、事故防止対策、事故発生時の改善対策などで、国内、海外の各製造施設にて防虫管理、総合衛生管理コンサルタントとして業務を遂行。

2011年、害虫駆除会社を早期退職した後、経験を生かし、防虫、総合衛生管理コンサルタントとして、海外の企業を中心に活動、現在に至る。

海外の食品製造現場と日本人駐在員

2013年9月20日　初版第1刷発行

著　　者　今野禎彦
発行者　夏野雅博
発行所　株式会社　幸書房
〒101-0051　東京都千代田区神田神保町3-17
TEL 03-3512-0165　FAX 03-3512-0166
URL：http://www.saiwaishobo.co.jp

イラスト：安部蓉子
印刷：シナノ

ISBN978-4-7821-0377-7　C1058